住房城乡建设部土建类学科专业"十三五"规划教材

教育部高等学校建筑电气与智能化专业教学
指导分委员会规划推荐教材

建筑消防与安防技术及系统集成

黄民德　胡林芳　主　编

中国建筑工业出版社

图书在版编目（CIP）数据

建筑消防与安防技术及系统集成/黄民德，胡林芳
主编. —北京：中国建筑工业出版社，2021.8（2024.8重印）
住房城乡建设部土建类学科专业"十三五"规划教材
教育部高等学校建筑电气与智能化专业教学指导分委员会
规划推荐教材
ISBN 978-7-112-26387-5

Ⅰ.①建…　Ⅱ.①黄…②胡…　Ⅲ.①建筑物-消防
设备-工程设计-高等学校-教材②建筑物-消防设备-
工程施工-高等学校-教材③建筑物-安全防护-工程设
计-高等学校-教材④建筑物-安全防护-工程施工-高
等学校-教材　Ⅳ.①TU89

中国版本图书馆 CIP 数据核字（2021）第 146988 号

本书介绍了建筑消防系统与安防系统的相关知识，内容主要包括：系统概述、火灾
探测器、火灾探测报警系统、消防联动控制系统、火灾预警系统、系统供电及布线、视
频监控系统、入侵报警系统与出入口控制系统及某智能楼宇综合管理系统解决方案等。
　　本书可作为高等院校自动化、建筑电气与智能化、电气工程与自动化等本科专业和高
职高专院校建筑电气工程、建筑设备工程、楼宇智能化工程、消防工程、建筑工程管理等
专业的教材，也可供成人高等教育和高等职业院校相关专业使用，还可以供有关工程技术
人员参考。
　　本书的课件可通过封底的方式兑换浏览，更多内容可加本书的QQ群：614546317 讨论。

责任编辑：张　健
文字编辑：胡欣蕊
责任校对：赵　菲

住房城乡建设部土建类学科专业"十三五"规划教材
教育部高等学校建筑电气与智能化专业教学指导分委员会规划推荐教材
建筑消防与安防技术及系统集成
黄民德　胡林芳　主　编
*
中国建筑工业出版社出版、发行(北京海淀三里河路 9 号)
各地新华书店、建筑书店经销
北京科地亚盟排版公司制版
建工社（河北）印刷有限公司印刷
*
开本：787 毫米×1092 毫米　1/16　印张：10　字数：242 千字
2022 年 8 月第一版　　2024 年 8 月第三次印刷
定价：**35.00** 元（赠教师课件）
ISBN 978-7-112-26387-5
（37815）

教材编审委员会

主　任：方潜生

副主任：寿大云　任庆昌

委　员：（按姓氏笔画排序）

于军琪　王　娜　王晓丽　付保川　杜明芳

李界家　杨亚龙　肖　辉　张九根　张振亚

陈志新　范同顺　周　原　周玉国　郑晓芳

项新建　胡国文　段春丽　段培永　郭福雁

黄民德　韩　宁　魏　东

序

自 20 世纪 80 年代智能建筑出现以来，智能建筑技术迅猛发展，其内涵不断创新丰富，外延不断扩展渗透，已引起世界范围内教育界和工业界的高度关注，并成为研究热点。进入 21 世纪，随着我国国民经济的快速发展，现代化、信息化、城镇化的迅速普及，智能建筑产业不但完成了"量"的积累，更是实现了"质"的飞跃，已成为现代建筑业的"龙头"，为绿色、节能、可持续发展做出了重大的贡献。智能建筑技术已延伸到建筑结构、建筑材料、建筑能源以及建筑全生命周期的运营服务等方面，促进了"绿色建筑"、"智慧城市"日新月异的发展。

坚持"节能降耗、生态环保"的可持续发展之路，是国家推进生态文明建设的重要举措。建筑电气与智能化专业承载着智能建筑人才培养的重任，肩负着现代建筑业的未来，且直接关系到国家"节能环保"目标的实现，其重要性愈加凸显。

全国高等学校建筑电气与智能化学科专业指导委员会十分重视教材在人才培养中的基础性作用，多年来下大力气加强教材建设，已取得了可喜的成绩。为进一步促进建筑电气与智能化专业建设和发展，根据住房和城乡建设部《关于申报高等教育、职业教育土建类学科专业"十三五"规划教材的通知》（建人专函［2016］3 号）精神，建筑电气与智能化学科专业指导委员会依据专业标准和规范，组织编写建筑电气与智能化专业"十三五"规划教材，以适应和满足建筑电气与智能化专业教学和人才培养需求。

该系列教材的出版目的是为培养专业基础扎实、实践能力强、具有创新精神的高素质人才。真诚希望使用本规划教材的广大读者多提宝贵意见，以便不断完善与优化教材内容。

全国高等学校建筑电气与智能化学科专业指导委员会
主任委员
方潜生

前　言

本书从工程实际角度出发，将建筑消防技术与安防技术两部分内容有机结合，阐述了在新规范要求下的设计思路和设计方法，同时介绍了目前常用的新设备的工作原理，讲解设备选型的方法。本书将理论与实际相结合，针对每个子系统都配备了一个典型工程案例。最后，通过对一个智能楼宇综合管理系统解决方案的阐述，将整本书的各个子系统联系起来。

在本书的知识点安排上，做到对"建筑消防与安防技术"的基础知识进行详细讲解的同时，又有机地渗透有关工程与设备的主要规范、标准及技术发展等新动向。对学生逐步形成工程设计、系统集成、施工管理、测试和调试等工作能力提供具体的指导和借鉴。本书所涉及的产品型号、设计案例等相关内容，均参考了现今主流设备厂家的产品及技术手册。在此，对为本书提供帮助的设备厂家表示衷心感谢。

本书由天津城建大学的黄民德和胡林芳担任主编。全书分为三部分，第一部分的第 1 章由黄民德编写、第 2~5 章由胡林芳编写、第 6 章由天津城建大学的郭福雁编写；第二部分的第 7 章由天津城建大学的齐利晓编写、第 8、9 章由天津城建大学的王悦编写；第三部分的第 10 章由天津生态城能源投资建设有限公司的孙晓宁编写，全书由胡林芳统稿，天津华汇工程建筑设计有限公司张月洁主审。

限于编者水平，书中难免存在缺点和错误，敬请广大读者和同行批评指正。

编者

2021 年 8 月

目　　录

第一部分　消　防　篇

第一部分 消 防 篇

第1章 系统概述

火灾自动报警系统是探测火灾早期特征、发出火灾报警信号，为人员疏散、防止火灾蔓延和启动自动灭火设备提供控制与指示的消防系统。

1.1 火灾自动报警系统的组成

火灾自动报警系统由火灾探测报警系统、消防联动控制系统、可燃气体探测报警系统及电气火灾监控系统组成（图 1-1）。

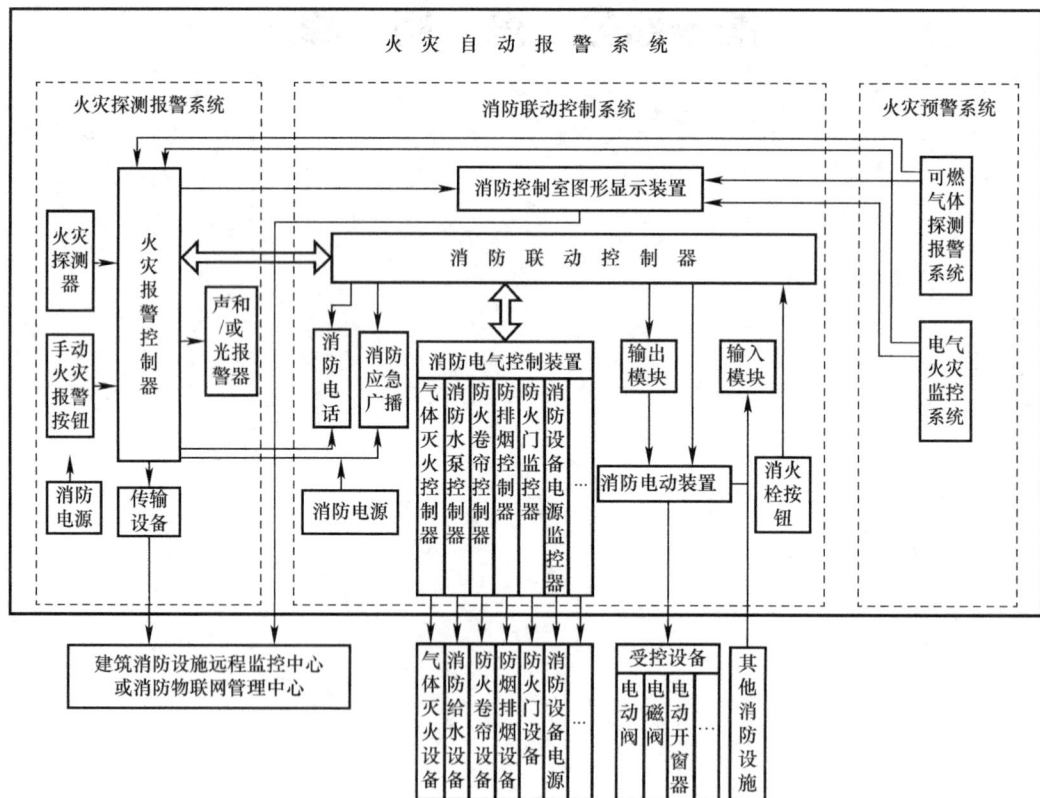

图 1-1 火灾自动报警系统的组成

火灾探测系统是实现火灾早期探测并发出火灾报警信号的系统，一般由火灾触发器件，如火灾探测器、手动报警按钮等，声和/或光报警器、火灾报警控制器等组成。

消防联动控制系统是火灾自动报警系统中接收火灾报警控制器发出的火灾报警信号，按预设逻辑完成各项消防功能的控制系统。由消防联动控制器、消防控制室图形显示装置、消防电气控制装置、消防电动装置、消防联动模块、消火栓按钮、消防应急广播设备、消防电话等设备和组件组成。

可燃气体探测报警系统是火灾自动报警系统的独立子系统，由可燃气体报警控制器、可燃气体探测器和声光报警器组成。电气火灾监控系统也是火灾自动报警系统的独立子系统，由电气火灾监控器、电气火灾监控探测器和声光警报器组成，它和可燃气体探测报警系统同属于火灾预警系统。

1.2　火灾自动报警系统的工作原理

火灾探测报警系统在火灾发生时，其系统中的相关保护区域内的火灾报警探测器会首先动作，将火灾现场内产生的烟、热和光等火灾特征参数转化为电信号，处理后传输至火灾报警控制器，或直接由火灾报警探测器做出火警判断，将报警信息传输至火灾报警控制器。接着火灾报警控制器在接收到探测器的火灾特征参数信息或报警信息后，经过确认判断，显示已动作的探测器的部位号，记录探测器动作报警时间。处于火灾现场的人员在发现火灾后，可立即触发安装在现场的手动报警按钮，向火灾报警控制器发出报警信息，经火灾报警控制器确认判断后，显示触发的手动报警按钮的部位号，记录火灾手动报警按钮的触发时间。火灾报警控制器在确认火灾探测器和手动报警按钮的报警信息后，驱动安装在被保护区域现场的火灾警报装置，发出火灾警报，警示处于被保护区域内的人员有火灾发生。

消防联动控制系统在火灾发生时，火灾报警控制器接到火灾探测器和手动报警按钮的报警信息后，将信息传至消防联动控制器，对于需要联动控制的自动消防设备，联动控制器按照预设的逻辑关系对接收到的报警信息进行识别判断，若逻辑关系成立，即按照预设的控制时序启动相关设备，消防控制室的管理人员也可以通过操作消防联动控制器的手动控制盘直接启动相关设备，从而实现相应的预设消防功能，消防设备的动作反馈信号传输至消防联动控制器进行显示。

1.3　火灾自动报警系统在建筑火灾防控中的作用

1.3.1　建筑火灾发生、发展的过程和阶段

火灾是指在时间或空间上失去控制地燃烧所造成的。对于建筑火灾而言，最初发生在室内的某个房间或某个部位，然后由此蔓延到相邻的房间或区域，以及整个楼层，最后蔓延到整个建筑物。其发展过程大致可分为初期增长阶段、充分发展阶段和衰减阶段。图 1-2 为建筑室内火灾温度—时间曲线。

（1）初期增长阶段

室内火灾发生后，最初只局限于着火点处的可燃物燃烧。局部燃烧形成后，可能会出现以下三种情况：一是最初着火的可燃物燃尽而终止；二是因通风不足，火灾可能自行熄灭，或受到较弱供氧条件的

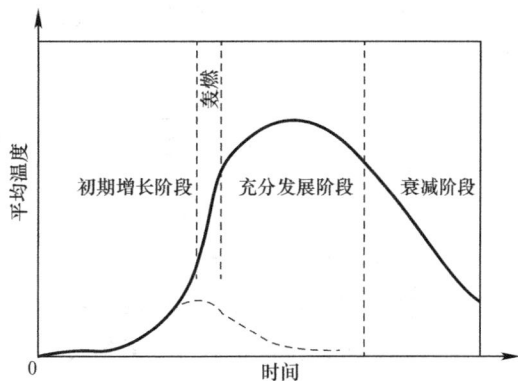

图 1-2　建筑室内火灾温度—时间曲线

支持，以缓慢的速度维持燃烧；三是有足够的可燃物，且有良好的通风条件，火灾迅速发展至整个房间。

这一阶段着火点局部温度较高，燃烧的面积不大，室内各点的温度不平衡。由于可燃物性能、分布和通风、散热等条件的影响，燃烧的发展大多比较缓慢，有可能形成火灾，也有可能中途自行熄灭，燃烧发展不稳定。火灾初期阶段持续时间的长短不定。

（2）充分发展阶段

在建筑室内火灾持续燃烧一定时间后，燃烧的范围不断扩大，温度升高，室内的可燃物在高温下，不断分解释放出可燃气体，当房间内温度达到 400℃～600℃时，室内绝大部分可燃物起火燃烧，这种在一限定空间内可燃物的表面全部卷入燃烧的瞬变状态，称为轰燃。轰燃的出现是燃烧释放的热量在室内逐渐累积与对外散热共同作用、燃烧速率急剧增大的结果。通常轰燃的发生标志着室内火灾进入充分发展阶段。

轰燃发生后，室内可燃物出现全面燃烧，可燃物热释放速率很大，室温急剧上升，并出现持续高温，温度可达 800～1000℃。之后，火焰和高温烟气在火风压的作用下，会从房间的门窗、孔洞等处大量涌出，沿走廊、吊顶迅速向水平方向蔓延扩散。同时，由于烟囱效应的作用，火势会通过竖向管井、共享空间等向上蔓延。

（3）衰减阶段

在火灾全面发展阶段的后期，随着室内可燃物数量的减少，火灾燃烧速度减慢，燃烧强度减弱，温度逐渐下降，当降到其最大值的 80% 时，火灾则进入熄灭阶段。随后房间内温度下降显著，直到室内外温度达到平衡为止，火完全熄灭。

1.3.2　火灾自动报警系统在建筑防火防控中的作用

在"以人为本，生命第一"的今天，建筑物内设置消防系统第一任务就是保障人身安全，这就是消防系统设计最基本的理念。从这一基本理念出发，就会得出这样的结论：尽早发现火灾、及时报警、启动有关消防设施，引导人员疏散；如果火灾发展到需要启动自动灭火设施的程度，就应启动相应的自动灭火设施，扑灭初期火灾；启动防火分隔设施，防止火灾蔓延。自动灭火系统启动后，火灾现场中的幸存者就只能依靠消防救援人员帮助逃生了，因为火灾发展到这个阶段时，滞留人员由于毒气、高温等原因已经丧失了自我逃生的能力。图 1-3 给出了与火灾相关的几个消防过程。

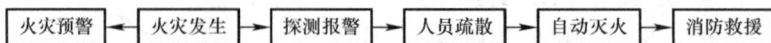

图 1-3　与火灾相关的消防过程示意

由图 1-3 和图 1-4 中可以看出，探测报警与自动灭火之间是至关重要的人员疏散阶段，这一阶段根据火灾发生的场所、起火原因、燃烧物等因素不同，有几分钟到几十分钟不等的时间，可以说这是直接关系到人身安全最重要的阶段。因此，在任何需要保护人身安全的场所，设置火灾自动报警系统均具有不可替代的重要意义。

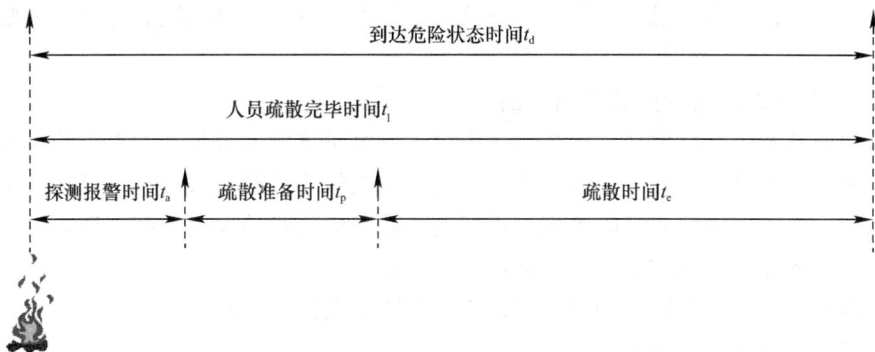

图 1-4 火灾时报警和疏散时间分布图

1.3.3 消防设施在火灾不同发展阶段的作用

建筑火灾从初期增长、充分发展到最终衰减的全过程，是随着时间的推移而变化的，然而受火灾现场可燃物、通风条件及建筑结构等多种因素的影响，建筑火灾各个阶段的发展以及从一个阶段发展至下一个阶段并不是一个时间函数，即发展过程所需的时间具有很大的不确定性。但是，火灾在发展到特定阶段时具有一定共性的火灾特征，建筑内设置的消防设施的消防功能是针对火灾不同阶段的火灾特征而展开的，这也是指导火灾探测报警、联动控制设计的基本思想。

（1）火灾的早期探测和人员疏散

建筑火灾在初期增长阶段一般首先会释放大量的烟雾，设置在建筑内的感烟火灾探测器在检测到防护区域烟雾的变化时做出报警响应，并发出火灾警报警示建筑内的人员火灾事故的发生；启动消防应急广播系统指导建筑内的人员进行疏散，同时启动应急照明及疏散指示系统、防排烟系统为人员疏散提供必要的保障条件。

（2）初期火灾的扑救

随着火灾的进一步发展，可燃物从阴燃状态发展为明火燃烧、伴有大量的热辐射，温度的升高会启动设置在建筑中的自动喷水灭火系统；或导致火灾区域设置的感温火灾探测器等动作，火灾自动报警系统按照预设的控制逻辑启动其他自动灭火系统，对火灾进行扑救。

（3）有效阻止火灾的蔓延

到充分发展阶段，火灾开始在建筑物中蔓延，这时火灾自动报警系统将根据火灾探测器的动作情况按照预设的控制逻辑联动控制防火卷帘、防火门及水幕系统等防火分隔系统，以阻止火灾向其他区域蔓延。

综上所述，设计人员应首先根据保护对象的特点确定建筑的消防安全目标，系统设计的各个环节必须紧紧围绕设定的消防安全目标进行；同时设计人员应了解火灾不同阶段的特征，清楚建筑各消防系统（设施）的消防功能，并掌握火灾自动报警系统和其他消防系统在火灾时动作的关联关系，以保证各系统在火灾发生时，各建筑消防系统（设施）能按照设计要求协同、有效地动作，从而确保实现设定的消防安全目标。

1.4 系统形式的选择和设计要求

火灾自动报警系统的形式和设计要求与保护对象及消防安全目标的设立直接相关，正确理解火灾发生、发展的过程和阶段，对合理设计火灾自动报警系统有着十分重要的指导意义。

1.4.1　系统形式的分类和使用范围

随着消防技术的日益发展，现今的火灾自动报警系统已不仅是一种先进的火灾探测报警与消防联动控制设备，同时也成为消防设施实现现代化管理的重要基础设施，是建筑消防安全系统的核心组成部分，除承担火灾探测报警和消防联动控制的基本任务外，还具有对相关消防设备实现状态监测、管理和控制的功能。

火灾自动报警系统根据保护对象及设立的消防安全目标不同，分为区域报警系统、集中报警系统、控制中心报警系统。

火灾自动报警系统形式的选择，应符合下列规定：

（1）仅需要报警，不需要联动自动消防设备的保护对象宜采用区域报警系统。

（2）不仅需要报警，同时需要联动自动消防设备，且只设置一台具有集中控制功能的火灾报警控制器和消防联动控制器的保护对象，应采用集中报警系统，并应设置一个消防控制室。

（3）设置两个及以上消防控制室的保护对象，或已设置两个及以上集中报警系统的保护对象，应采用控制中心报警系统。

1.4.2　系统设计要求

根据《火灾自动报警系统设计规范》GB 50116—2013 的要求可以确定：

（1）区域报警系统的设计，应符合下列规定：

1）系统应由火灾探测器、手动火灾报警按钮、火灾声光警报器及火灾报警控制器等组成，系统中可包括消防控制室图形显示装置和指示楼层的区域显示器。

2）火灾报警控制器应设置在有人值班的场所。

3）系统设置消防控制室图形显示装置时，该装置应具有传输《火灾自动报警系统设计规范》GB 50116—2013 中附录 A 和附录 B 规定的有关信息的功能；系统未设置消防控制室图形显示装置时，应设置火警传输设备。

（2）集中报警系统的设计，应符合下列规定：

1）系统应由火灾探测器、手动火灾报警按钮、火灾声光警报器、消防应急广播、消防专用电话、消防控制室图形显示装置、火灾报警控制器、消防联动控制器等组成。

2）系统中的火灾报警控制器、消防联动控制器和消防控制室图形显示装置、消防应急广播的控制装置、消防专用电话总机等起集中控制作用的消防设备，应设置在消防控制室内。

3）系统设置的消防控制室图形显示装置应具有传输《火灾自动报警系统设计规范》GB 50116—2013 中附录 A 和附录 B 规定的有关信息的功能。

（3）控制中心报警系统的设计，应符合下列规定：

1）有两个及以上消防控制室时，应确定一个主消防控制室。

2）主消防控制室应能显示所有火灾报警信号和联动控制状态信号，并应能控制重要的消防设备；各分消防控制室内消防设备之间可互相传输、显示状态信息，但不应互相控制。

3）系统设置的消防控制室图形显示装置，其要求与集中报警系统设计要求的第 3）

条要求一致。

4）其他设计应符合集中报警系统设计要求的规定。

1.5 报警区域和探测区域的划分

1.5.1 报警区域

报警区域是指将火灾自动报警系统的警戒范围按防火分区或楼层等划分的单元。

通过报警区域把建筑的防火分区同火灾自动报警系统有机地联系起来。报警区域的划分主要是为了迅速确定报警及火灾部位，并解决消防系统的联动设计问题。发生火灾时，发生火灾的防火分区及相邻的防火分区的消防设备需要联动协调工作。在火灾自动报警系统设计中，首要就是正确地划分报警区域，确定相应的报警系统，才能使报警系统及时、准确地报出火灾发生的具体部位，就近采取措施扑灭火灾。报警区域的划分应以防火分区为基础。按常规，每个报警区域应设置一台区域报警控制器或区域显示盘，报警区域一般不得跨越楼层。因此，除了高层公寓和塔楼式住宅，一台区域报警控制器所警戒的范围一般也不得跨越楼层。

报警区域划分的具体要求：

（1）可将一个防火分区或一个楼层划分为一个报警区域，也可将发生火灾时需要同时联动消防设备的相邻几个防火分区或楼层划分为一个报警区域；

（2）电缆隧道的一个报警区域宜由一个封闭长度区间组成，一个报警区域不应超过相连的3个封闭长度区间；

（3）道路隧道的报警区域应根据排烟系统或灭火系统的联动需要确定，且不宜超过150m；

（4）甲、乙、丙类液体储罐区的报警区域应由一个储罐区组成，每个50000m³ 及以上的外浮顶储罐应单独划分为一个报警区域；

（5）列车的报警区域应按车厢划分，每节车厢应划分为一个报警区域。

1.5.2 探测区域

探测区域是指将报警区域按探测火灾的部位划分的单元。

每一个探测区域对应在火灾报警控制器（或楼层显示盘）上显示一个部位号，这样才能迅速而准确地探测出火灾报警的具体部位。因此，在被保护的报警区域内应按顺序划分探测区域。

探测区域是火灾自动报警系统的最小单元，代表了火灾报警的具体部位。它能帮助值班人员及时、准确地到达火灾现场，采取有效措施，扑灭火灾。因此，在火灾自动报警系统设计时，必须严格按规范要求，正确划分探测区域。

探测区域划分的具体要求：

（1）探测区域应按独立房（套）间划分。一个探测区域的面积不宜超过500m²；从主要入口能看清其内部，且面积不超过1000m² 的房间，也可划为一个探测区域。

（2）红外光束感烟火灾探测器和缆式线型感温火灾探测器的探测区域的长度，不宜超过100m。

（3）空气管差温火灾探测器的探测区域长度宜为20～100m。

（4）下列部位应单独划分探测区域。

敞开或封闭楼梯间、防烟楼梯间，属于与疏散直接相关的场所；

防烟楼梯间前室、消防电梯前室、消防电梯与防烟楼梯间合用的前室、走道、坡道，属于与疏散直接相关的场所；

电气管道井、通信管道井、电缆隧道，属于隐蔽部位；

建筑物闷顶、夹层，属于隐蔽部位。

复习思考题

1. 火灾报警系统由哪几部分组成？
2. 火灾报警系统在火灾的各个阶段起什么作用？
3. 火灾的形成过程可分为几个阶段？各有什么特点？
4. 简述报警区域、探测区域的定义和区别。

第2章　火灾探测器

火灾探测器是火灾自动报警系统的基本组成部分之一，它至少含有一个能够连续或以一定频率周期监视与火灾有关的适宜的物理和/或化学现象的传感器，并且至少能够向控制和指示设备提供一个合适的信号，是否报火警或操纵自动消防设备，可由探测器或控制和指示设备做出判断。

2.1　火灾探测器的分类

根据其探测火灾参数的不同，火灾探测器可以分为感烟式、感温式、感光式、气体以及复合式火灾探测器5种基本类型。

（1）感烟式火灾探测器：对悬浮在大气中的燃烧和/或热解产生的固体或液体微粒响应的火灾探测器。进一步可以分为离子感烟、光电感烟、红外光束、吸气型等火灾探测器。

（2）感温式火灾探测器：是对警戒范围内某一点或某一线段周围的温度参数（异常温度、异常温差和异常温升速率）响应的火灾探测器。

（3）感光式火灾探测器：对火焰发出的特定波段电磁辐射响应的探测器，又称火焰探测器，进一步可分为紫外、红外及其复合式等火灾探测器。

（4）气体火灾探测器：对燃烧或热解产生的气体响应的探测器。

（5）复合式火灾探测器：将多种探测原理集中于一身的探测器，进一步可分为烟温复合、红外紫外复合等火灾探测器。

此外，还有一些特殊类型的火灾探测器，包括：使用摄像机、红外热成像器件等视频设备或它们的组合获取监控现场视频信息，进行火灾探测器的图像型火灾探测器；探测泄漏电流大小的漏电流感应型火灾探测器；探测静电电位高低的静电感应型火灾探测器；还有在一些特殊场合使用的、要求探测极其灵敏、动作极为迅速，通过探测爆炸产生的参数变化（如压力的变化）信号来抑制、消灭爆炸事故发生的微压差型火灾探测器；利用超声原理探测火灾的超声波火灾探测器等。

根据其监视范围的不同，火灾探测器可分为点型火灾探测器和线型火灾探测器。

（1）点型火灾探测器：响应一个小型传感器附近火灾特征参数的探测器。

（2）线型火灾探测器：响应某一连续路线附近火灾特征参数的探测器。

还有一种多点型火灾探测器：响应多个小型传感器（如热电偶）附近的火灾特征参数的探测器。

还可以根据火灾探测器的功能性、使用场所等角度进行分类，这里不再一一说明。

2.2　火灾探测器的工作原理

2.2.1　感烟火灾探测器

烟雾是火灾的早期现象，利用感烟火灾探测器可以最早感受火灾信号，即火灾参数，所以，感烟火灾探测器是目前世界上应用较普及、数量较多的火灾探测器。据了解，感烟火灾探测器可以探测70%以上的火灾。目前，常用的感烟火灾探测器是离子感烟火灾探测器和光电感烟火灾探测器。

1. 离子感烟火灾探测器

离子感烟火灾探测器是采用空气探测火灾方法构成和工作的。它利用放射性同位素释放的高能量α射线将局部空间的空气电离产生正、负离子，在外加电压的作用下形成离子电流。当火灾产生的烟雾及燃烧产物，即烟雾气溶胶进入电离空间（一般称作电离室）时，比表面积较大的烟雾粒子将吸附其中的带电离子，产生离子电流变化，经电子线路加以检测，从而获得与烟浓度有直接关系的电测信号，用于火灾确认和报警。

感烟电离室是离子感烟火灾探测器的核心传感器件，其结构和特性如图 2-1 所示。如图 2-1（a）所示，电离室两电极 P_1P_2 间的空气分子受到放射源不断放出的 α 射线照射，高速运动的 α 粒子撞击空气分子，使得两电极间空气分子电离为正离子和负离子，这样，电极之间原来不导电的空气具有了导电性。此时在电场作用下，正、负离子的有规则运动，使得电离室呈现典型的伏安特性，形成离子电流。离子电流的大小与电离室的几何尺寸、放射源的活度、α粒子能量、施加的电压大小以及空气的密度、湿度、温度和气流速度等因素有关。

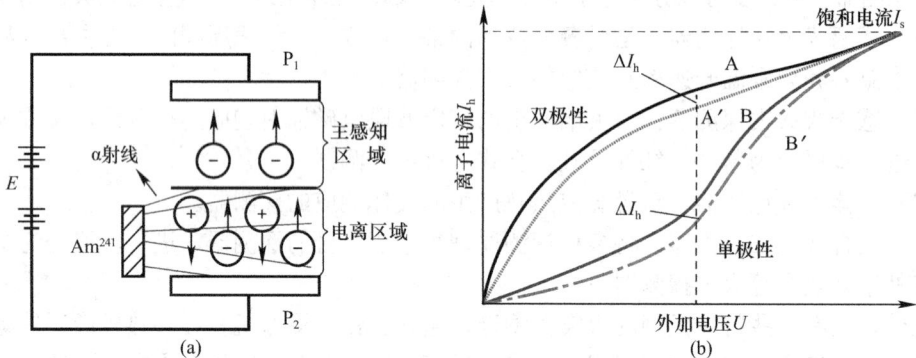

图 2-1　电离室结构和电特性示意图

（a）单极性电离室结构；（b）电离室电特性

在离子感烟火灾探测器中，电离室可以分为双极型和单极型两种结构。整个电离室全部被 α 射线照射的称为双极型电离室；电离室局部被 α 射线照射，使一部分形成电离区，而未被 α 射线照射的部分成为非电离区，从而形成单极型电离室。一般离子感烟探测器的电离室均设计成为单极型的。当发生火灾时，烟雾进入电离室后，单极型电离室要比双极型电离室的离子电流变化大，可以得到较大的反映烟雾浓度的电压变化量，从而提高离子感烟火灾探测器的灵敏度，如图 2-1（b）所示。

当有火灾发生时，烟雾粒子进入电离室后，被电离部分（区域）的正离子和负离子被吸附到烟雾粒子上，使正、负离子相互中和的几率增加，从而将烟雾粒子浓度大小以离子电流变化量大小表示出来，实现对火灾参数的检测。

2. 光电感烟火灾探测器

光电感烟火灾探测器是根据烟雾粒子对光的吸收和散射作用，光电感烟火灾探测器可分为减光式和散射光式两种类型。

减光式光电感烟探测器原理如图 2-2 所示。进入光电检测暗室内的烟雾粒子对光源发出的光产生吸收和散射作用，使通过光路上的光通量减少，从而在受光元件上产生的光电流降低。光电流相对于初始标定值的变化量大小，反映了烟雾的浓度大小，据此可通过电子线路对火灾信息进行阈值放大比较、类比判断处理或火灾参数运算，最后通过传输电路产生相应的火灾信号，构成开关量火灾探测器、类比式模拟量火灾探测器或分布智能式智能化火灾探测器。

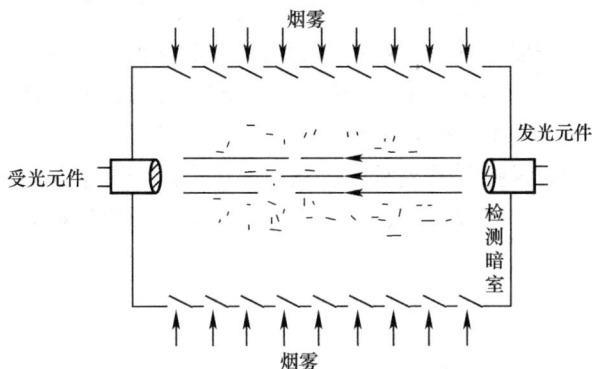

图 2-2　减光式光电感烟探测器原理

减光式光电感烟火灾探测原理可用于构成点型结构的火灾探测器。用微小的暗箱式烟雾检测室探测火灾产生的烟雾浓度大小，实现有效的火灾探测。但是，减光式光电感烟探测原理更适于构成线测结构的火灾探测器，实现大面积火灾探测，如收、发光装置分离式主动红外光束感烟火灾探测器。

散射光式光电感烟火灾探测原理如图 2-3 所示。进入遮光暗室的烟雾粒子对发光元件（光源）发出的一定波长的光产生散射作用（按照光散射定律，烟粒子需轻度着色，且当其粒径大于光的波长时将产生散射作用），使处于一定夹角位置的受光元件（光敏元件）的阻抗发生变化，产生光电流。此光电流的大小与散射光强弱有关，并且由烟粒子的浓度和粒径大小及着色与否来决定。根据受光元件的光电流大小，即当烟粒子浓度达到一定值时，散射光的能量就足以产生一定大小的激励用光电流，可以用于激励遮光暗室外部的信号处理电路发出火灾信号。

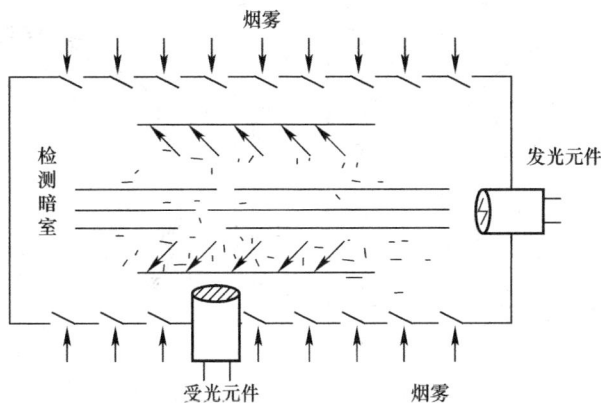

图 2-3　散射光式光电感烟探测原理

散射光式光电感烟探测方式一般只适用于点型探测器结构，其遮光暗室中发光元件与受光元件的夹角在 $90°\sim135°$ 之间。

3. 产品实例

JTY-GD-G3 型点型光电感烟火灾探测器采用无极性信号二总线技术，可与某公司生产的各类火灾报警控制器配合使用。

（1）主要特点

内置带 A/D 转换的八位单片机，具备强大的分析、判断能力，通过在探测器内部固化的运算程序，可自动完成对外界环境参数变化的补偿及火警、故障的判断，存储环境参数变化的特征曲线，极大提高了整个系统探测火灾的实时性、准确性。

采用电子编码方式，现场编码，简单、方便。

采用指示灯闪烁的方式提示其正常工作状态，可在现场观察其运行状况。

底部采用密封方式，可有效防水、防尘，防止恶劣的应用环境对探测器造成的损坏。

（2）主要技术指标

工作电压：总线 24V。

监视电流≤0.8mA。

报警电流≤1.8mA。

报警确认灯：红色，巡检时闪烁，报警时常亮。

使用环境：温度：$-10\sim+55℃$；相对湿度≤95％，不结露。

编码方式：十进制电子编码。

外壳防护等级：IP23。

外形尺寸：直径：100mm，高：56mm（带底座）。

（3）保护面积

当空间高度为 $6\sim12m$ 时，一个探测器的保护面积，对一般保护场所而言为 $80m^2$。空间高度为 6m 以下时，保护面积为 $60m^2$。具体参数应以《火灾自动报警系统设计规范》GB 50116—2013 为准。

（4）结构特征、安装与布线

探测器的外形结构示意图如图 2-4 所示。

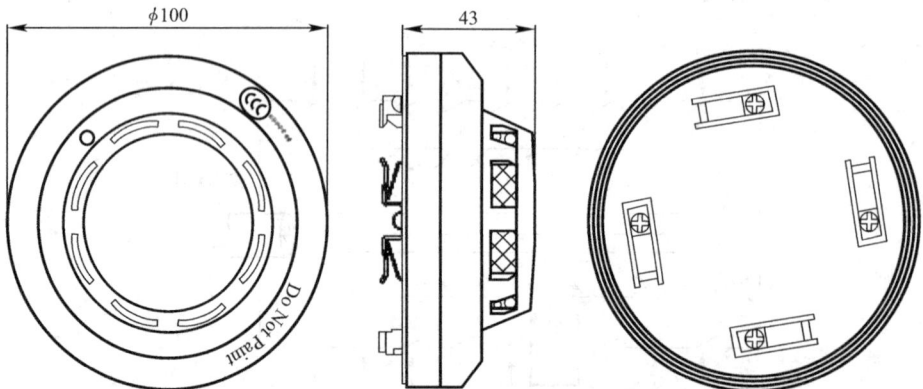

图 2-4 JTY-GD-G3 型点型光电感烟火灾探测器的外形结构示意图

探测器安装方式如图 2-5 所示。

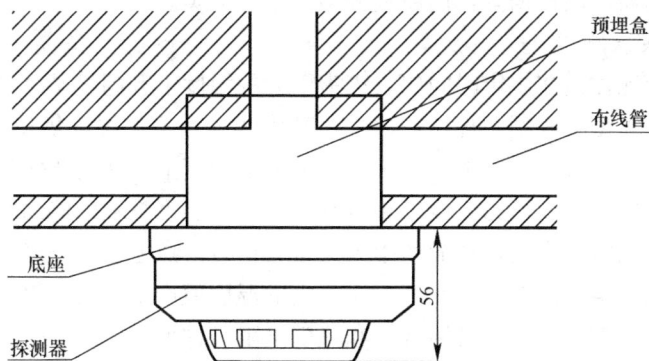

图 2-5 光电感烟火灾探测器安装方式

接线盒可采用 86H50 型标准预埋盒，其结构尺寸外形示意图如图 2-6 所示。

DZ-02 探测器通用底座外形示意图，如图 2-7 所示。

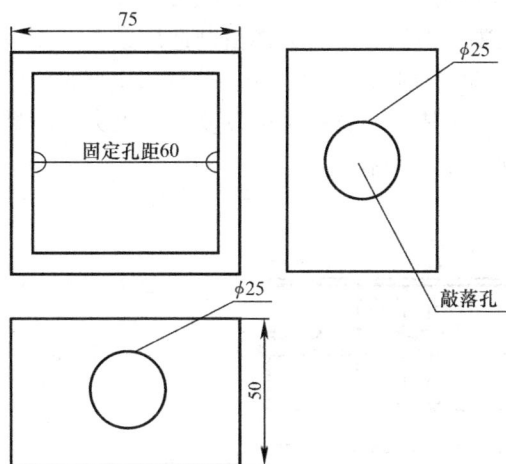

图 2-6 预埋盒结构尺寸示意图　　　图 2-7 光电感烟火灾探测器通用底座外形示意图

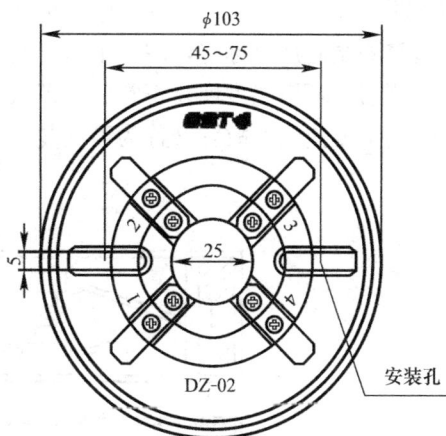

底座上有 4 个导体片，片上带接线端子，底座上不设定位卡，便于调整探测器报警指示灯的方向。预埋管内的探测器总线分别接在任意对角的两个接线端子上（不分极性），另一对导体片用来辅助固定探测器。

待底座安装牢固后，将探测器底部对正底座顺时针旋转，即可将探测器安装在底座上。

布线要求：探测器二总线宜选用截面积不小于 $1.0mm^2$ 的阻燃 RVS 双绞线，穿金属管或阻燃管敷设。

2.2.2　感温火灾探测器

在火灾初起阶段，使用热敏元件来探测火灾的发生是一种有效的手段，特别是那些经常存在大量粉尘、油雾、水蒸气的场所，无法使用感烟火灾探测器，只有用感温火灾探测器才比较合适。在某些重要的场所，为了提高火灾监控系统的功能和可靠性，或保证自动灭火系统的动作的准确性，也要求同时使用感烟和感温火灾探测器。

感温火灾探测器可以根据其作用原理分为如下三大类。

1. 定温式火灾探测器

定温式火灾探测器是在规定时间内，火灾引起的温度上升超过某个定值时启动报警的火灾探测器。它有点型和线型两种结构形式。其中线型结构的温度敏感元件呈线状分布，所监视的区域是一条线带。当监测区域中某局部环境温度上升达到规定值时，可熔的绝缘物熔化使感温电缆中两导线短路，或采用特殊的具有负温度系数的绝缘物质制成的可复用感温电缆产生明显的阻值变化，从而产生火灾报警信号。点型结构是利用双金属片、易熔金属、热电偶、热敏半导体电阻等元件，在规定的温度值产生火灾报警信号。目前，常用的定温式火灾探测器有双金属、易熔合金和热敏电阻几种形式。

图 2-8 是一种双金属型定温探测器的结构示意图。它是在一个不锈钢的圆筒形外壳内固定两块磷铜合金片，磷铜片两端有绝缘套，在中段部位装有一对金属触头，每个触头各由导线引出。由于不锈钢外壳的热膨胀系数大于磷铜片，故在受热后磷铜片被拉伸而使两个触头靠拢；当达到预定温度时触点闭合，导线构成闭合回路，便能输出信号给报警装置报警。两块磷铜片的固定处有调整螺钉，可以调整它们之间的距离，以改变动作值，一般可使探测器在标定的 $40 \sim 250℃$ 的范围内进行调整。但调整工作只能由制造厂家在专用设备上精密测试后加以标定，用户不得自行调整，而只能按标定值选用。这种双金属片定温火灾探测器在环境温度恢复正常后（即火灾过后），其双金属片又可以复原，火灾探测器可长时间重复使用，故它又称为可恢复型双金属定温火灾探测器。

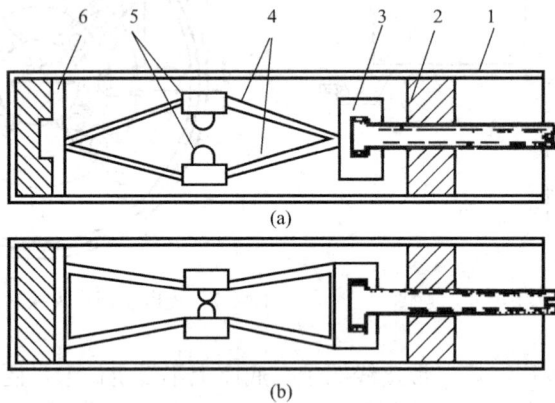

图 2-8 双金属型定温火灾探测器结构示意图

(a) 常开型；(b) 常闭型

1—不锈钢外壳；2—导线；3—调整螺钉；4—磷铜片；5—金属触头；6—绝缘套

易熔金属型定温探测器的原理是利用低熔点（易熔）金属在火灾初期环境温度升高且达到熔点温度时被熔化脱落，从而使机械结构部件动作（如弹簧弹出、顶杆顶起等），造成电触点接通或断开，发出电气信号。

图 2-9 所示是 JWD 型易熔金属定温火灾探测器结构图。在探测器下端的吸热罩中间与特种螺钉间焊有一小块低熔点合金（熔点为 $70 \sim 90℃$）使顶杆与吸热罩相连接，离顶杆上端一定距离处有一弹性接触片及固定触点，平时它们并不互相接触。如遇火灾，当温

度升至标定值时，低熔点合金熔化脱落，顶杆借助弹簧弹力弹起，使弹性接触片与固定触头相碰通电而发出报警信号。这种探测器结构简单，牢固可靠，很少误动作。

易熔金属定温探测器在适用范围和安装事项上基本与双金属片定温探测器相同。但应当加以注意的是：易熔金属定温探测器一旦动作后，即不可复原再用，故在安装时，不能在现场用模拟热源进行测试。另外，在安装后每隔几年（一般为 5 年）应进行一次抽样测试，每次抽试数不应少于安装总数的 5%，且最少应为 2 只。当抽样中出现一只失效，应再加倍抽试、如再有失效情况发生，则应全部拆除换新。

电子式定温火灾探测器是利用热敏电阻受到温度作用时，其自身在探测器电路中起的特定作用，使探测器实现定温报警功能的。图 2-10 所示为热敏电阻定温火灾探测器的工作原理图。它采用一个 CTR 临界温度热敏电阻，当温度上升达到热敏电阻的临界值时，其阻值迅速从高阻态转向低阻态，将这种阻值的明显变化采集并采用信号电路予以处理判断，可实现火灾报警。

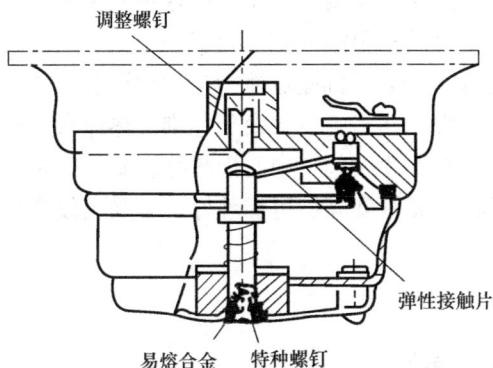

图 2-9　JWD 型易熔金属定温火灾探测器结构图　　图 2-10　热敏电阻定温火灾探测器工作原理图

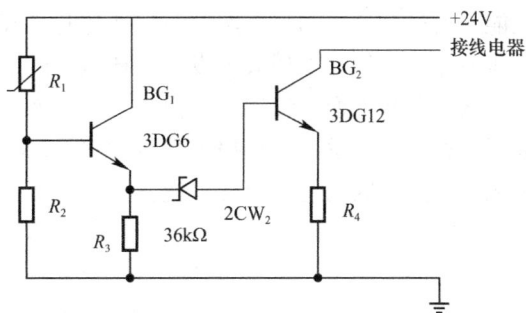

线型感温火灾探测器一般采用定温式火灾探测原理并制造成电缆状。它的热敏元件是沿着一条线连续分布的，只要在线段上任何一点的温度出现异常，就能探测到并发出报警信号。常用的有热敏电缆型及同轴电缆型两种，可复用式线型感温电线也有相应报道。

热敏电缆型定温火灾探测器的构造是，在两根钢丝导线外面各罩上一层热敏绝缘材料后拧在一起，置于编织电缆的外皮内。热敏绝缘材料能在预定的温度下熔化，造成两条导线短路，使报警装置发出火灾报警信号。

同轴电缆型定温火灾探测器的构造是，在金属丝编织的网状导体中放置一根导线，在内、外导体之间采用一种特殊绝缘物充填隔绝。这种绝缘物在常温下呈绝缘体特性，一旦遇热且达到预定温度则变成导体特性，于是造成内外导体之间的短路，使报警装置发出报警信号，如图 2-11 所示。

图 2-11　同轴电缆型定温火灾探测器的构造

可复用电缆型定温火灾探测器的构造是，采用 4 根导线两两短接构成的两个互相比较的监测回路，4 根导线的外层涂有特殊的具有负温度系数物质制成的绝缘体。当感温电缆所保护场所的温度发生变化时，两个监测回

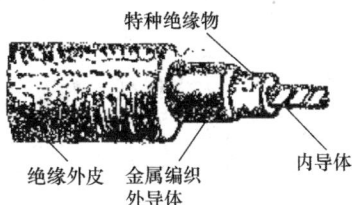

路的电阻值会发生明显的变化，达到预定的报警值时产生报警信号输出。这种感温电缆的特点是非破坏性报警，即发出报警信号是在感温元件的常态下产生出来的，除非电缆工作现场温度过高，同时感温电缆暴露在高温下的时间过久（直接接触温度高于250℃），否则它在报警过后仍能恢复正常工作状态。

2. 差温式火灾探测器

差温式火灾探测器是在规定时间内，火灾引起的温度上升速率超过某个规定值时启动报警的火灾探测器。它也有线型和点型两种结构。线型结构差温式火灾探测器是根据广泛的热效应而动作的，主要的感温元件有按面积大小蛇形连续布置的空气管、分布式连接的热电偶以及分布式连接的热敏电阻等。点型结构差温式火灾探测器是根据局部的热效应而动作的，主要感温元件有空气膜盒、热敏半导体电阻元件等。消防工程中常用的差温式火灾探测器多是点型结构，差温元件多采用空气膜盒和热敏电阻。

图 2-12 所示是膜盒型差温火灾探测器结构示意图。当火灾发生时，建筑物室内局部温度将以超过常温数倍的异常速率升高。膜盒型差温火灾探测器就是利用这种异常速率产生感应并输出火灾报警信号。它的感热外罩与底座形成密闭的气室，只有一个很小的泄漏孔能与大气相通。当环境温度缓慢变化时，气室内外的空气可通过泄漏孔进行调节，使内外压力保持平衡。如遇火灾发生，环境温升速率很快，气室内空气由于急剧受热而膨胀来不及从泄漏孔外逸，致使气室内空气压力增高，将波纹片鼓起与中心接线柱相碰，于是接通了电触点，便发出火灾报警信号。这种探测器具有灵敏度高、可靠性好、不受气候变化影响的特点，因而应用十分广泛。

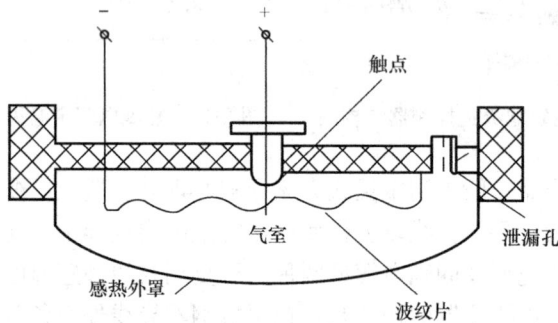

图 2-12　膜盒型差温火灾探测器结构示意图

3. 差定温式火灾探测器

差定温式火灾探测器结合了定温式和差温式两种感温作用原理并将两种探测器结构组合在一起。在消防工程中，常见的差定温火灾探测器是将差温式、定温式两种感温火灾探测器组装结合在一起，兼有两者的功能。若其中某一功能失效，则另一种功能仍然起作用。因此，大大提高了火灾监测的可靠性。差定温式火灾探测器一般多是膜盒式或热敏半导体电阻式等点型结构的组合式火灾探测器。差定温火灾探测器按其工作原理，还可分为机械式和电子式两种。

图 2-13 所示是机械式差定温火灾探测器结构示意图。它的差温探测部分与膜盒型差温火灾探测器基本相同；而定温探测部分则与易熔金属型火灾探测器相似。故其工作原理是：弹簧片的一端用低熔点合金焊接在外罩内壁，当环境温度达到标定温度值时，低熔点

合金熔化，弹簧片弹回，压迫固定在波纹片上的弹性触片（动触点），动触点动作接通电源，发出电信号（火灾信号）。

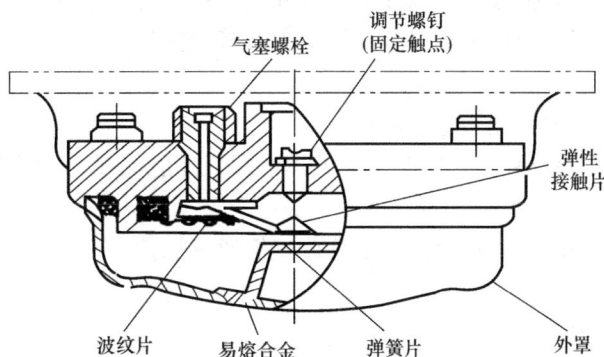

图 2-13　差定温火灾探测器结构示意图

电子式差定温火灾探测器在当前火灾监控系统中用得较普遍。它的定温探测和差温探测两部分都是由半导体电子电路来实现的。图 2-14 所示是 JW—DC 型电子式差定温火灾探测器电路原理图。它共采用 3 只热敏电阻 R_1、R_2 和 R_5，其特性均随着温度升高而阻值下降。其中差温探测部分的 R_1 和 R_2 阻值相同，特性相似，在探头中布置在不同的位置上：R_2 布置在铜外壳上，对外界温度变化较为敏感；R_1 布置在一个特制的金属罩内，对环境温度的变化不敏感。当环境温度缓慢变化时，R_1 和 R_2 的阻值相近，BG_1 维持在截止状态。当发生火灾时，温度急剧上升，R_2 因直接受热，阻值迅速下降；而 R_1 则反应较慢，阻值下降较小，从而导致 A 点电位降低；当电位降低到一定程度时，BG_1、BG_3 导通，向报警装置输出火警信号。

定温探测器部分由 BG_2 和 R_5 组成。当温度升高至标定值时（如 70℃ 或 90℃）R_5 的阻止降低至动作值，使 BG_2 导通，随即 BG_3 也导通，向报警装置发出火警信号。

图 2-14 中虚线部分为火灾报警器至火灾探测器间断路自动监控环节。正常时 BG_4 处于导通状态，如火灾探测器三根引出线中任一根线断掉，BG_4 立即截止，向报警装置发出断路故障信号。这一监控环节只在报警装置的一个分路（即一个探测部位）上的最后一只（终端）火灾探测器上才设置，与之并联的其他火灾探测器上则均无此监控环节，这也就是"终端型"火灾探测器与"非终端型"火灾探测器区别所在。

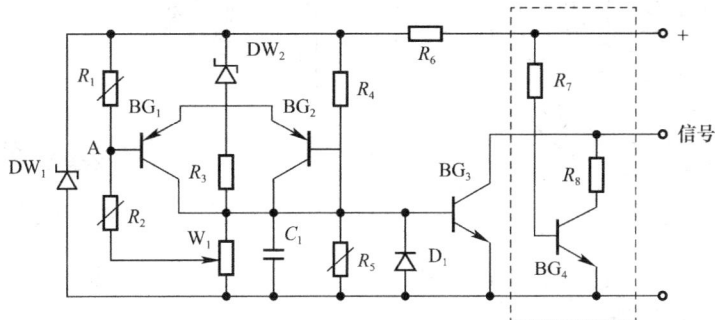

图 2-14　JW—DC 型电子式差定温火灾探测器原理图

4. 产品实例

JTW-ZCD-G3N 型点型感温火灾探测器采用无极性信号二总线技术，可与某公司生产的各类火灾报警控制器的报警总线以任意方式并接，特别适用于发生火灾时有剧烈温升的场所，与感烟探测器配合使用更能可靠探测火灾，减少损失。

（1）特点

结构新颖、外形美观、性能稳定可靠；

采用带 A/D 转换的单片机，实时采样处理数据、并能保存 14 个历史数据，曲线显示跟踪现场情况；

地址编码由电子编码器直接写入，工程调试简便可靠。

（2）主要技术指标

探测器类别：A1R。

工作电压：总线 24V。

监视电流≤0.8mA。

报警电流≤1.8mA。

报警确认灯：红色，巡检时闪烁，报警时常亮。

使用环境：温度：−10～+50℃，相对湿度≤95%，不结露。

编码方式：十进制电子编码。

外壳防护等级：IP33。

外形尺寸：直径：100mm，高：58mm（带底座）。

（3）保护面积

当空间高度小于 8m 时，一个探测器的保护面积，对一般保护现场而言为 20～30m²。具体设计参数应以《火灾自动报警系统设计规范》GB 50116—2013 为准。

（4）结构特征、安装与布线

探测器的外形结构示意图如图 2-15 所示。

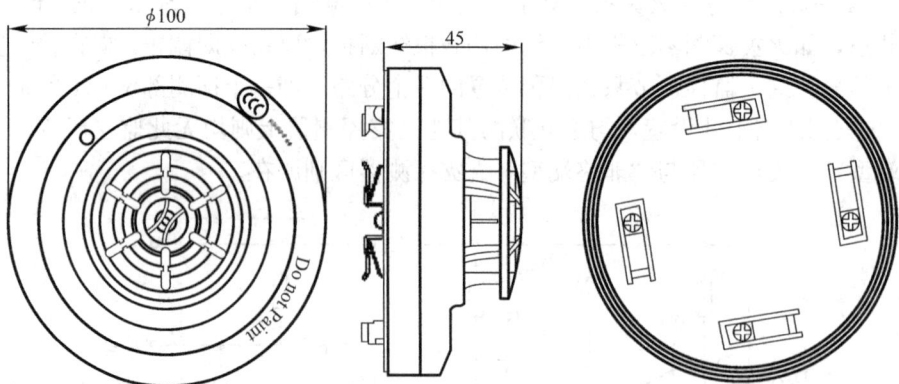

图 2-15　JTW-ZCD-G3N 型点型感温火灾探测器的外形结构示意图

本探测器的安装及布线与 JTY-GD-G3 型点型光电感烟火灾探测器相同。

2.2.3　火焰探测器

火焰探测器目前广泛使用紫外式和红外式两种类型。

1. 紫外火焰探测器

当有机化合物燃烧时，其氢氧根在氧化反应中会辐射出强烈的波长为 2500Å 的紫外光。紫外火焰探测器就是利用火焰产生的强烈紫外辐射光来探测火灾的。

紫外火焰探测器的敏感元件是紫外光敏管，如图 2-16 所示。它是在玻璃外壳内装置两根高纯度的钨或银丝制成的电极。当电极接收到紫外光辐射时立即发射出电子，并在两极间的电场作用下被加速。由于管内充有一定量氢气和氦气，所以，当这些被加速而具有较大动能的电子同气体分子碰撞时，将使气体分子电离，电离后产生的正负离子又被加速，它们又会使更多的气体分子电离。于是在极短的时间内，造成"雪崩"式的放电过程，从而使紫外光敏管由截止状态变成导通状态，驱动电路发出报警信号。

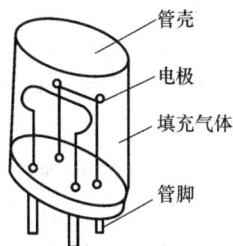

图 2-16　紫外光敏管结构示意图

一般紫外光敏管只对 1900～2900Å 的紫外光起感应。因此，它能有效地探测出火焰而又不受可见光和红外线辐射的影响。太阳光中虽然存在强烈的紫外光辐射，但由于在透过大气层时，被大气中的臭氧层大量吸收，到达地面的紫外光能量很低。而其他的新型电光源，如汞弧灯、卤钨灯等均辐射出丰富的紫外光，但是一般的玻璃能强烈吸收 2000～3000Å 范围内的紫外光，因而紫外光敏管对有玻璃外壳的一般照明灯光是不敏感的。所以，采用紫外光敏管探测火灾有较高的可靠性。此外，紫外光敏管具有输出功率大、耐高温、寿命长、反应快速等特点，可在交直流电压下工作，因而已被广泛用于探测火灾引起的波长在 0.2～0.3μm 以下的紫外辐射和作为大型锅炉火焰状态的监视元件。它特别适用于火灾初期不产生烟雾的场所（如生产、储存酒精和石油等的场所），也适用于电力装置火灾监控和探测快速火焰及易爆的场所。

目前消防工程中所应用的紫外火焰探测器都是由紫外光敏管与驱动电路组合而成的。根据紫外光敏管两端外施电压的特性，可分为直流供电式电路与交流供电式电路两种。

紫外火焰探测器在使用中应注意如下事项：

（1）应避免阳光直接照射，以防止阳光中的微弱紫外光辐射造成误报警。

（2）在安装有紫外火焰探测器的保护区域及其邻近区域内，不能进行电焊操作。若必须进行电焊操作，则应采取相应措施，以防误动作报警。

（3）在安装紫外火焰探测器的区域及其周围区域，不允许安装发射大量紫外线的碘钨灯等照明设备，以免引起误动作。

（4）在外界环境影响下，长期使用紫外光敏管可能会造成管子特性变化，形成自激现象，从而导致紫外火焰探测器频繁误报警，这时需更换紫外光敏管。

（5）对紫外光敏管应经常清洁，定期维修，以确保透光性良好。

2. 红外火焰探测器

红外火焰探测器是利用红外光敏元件（硫化铅、硒化铅、硅光敏元件）的光电导或光伏效应来敏感地探测低温产生的红外辐射的，红外辐射光波波长一般大于 0.76μm。由于自然界中只要物体高于绝对零度都会产生红外辐射，所以，利用红外辐射探测火灾时，一般还要考虑物质燃烧时火焰的间歇性闪烁现象，以区别于背景红外辐射。物质燃烧时火焰的闪烁频率大约在 3～30Hz。

红外火焰探测器在使用时应当注意以下事项：

（1）在安装红外火焰探测器的探头时，应避开阳光的直射及反射，也应避开强烈灯光的照射，以防止由此引起的误报警。

（2）对探头光学部分应定期清洁，当红玻璃片有灰尘或水汽时，可用擦镜纸或绒布擦拭。

（3）红外火焰探测器的报警灵敏度，是通过电路中三极管集电极回路上的电位器来调节的，通常使电压放大级的放大倍数在 $40\sim400$ 倍之间变化，可得到较为合适的灵敏度。灵敏度切不可调得太高，以免因过于灵敏而出现误报警。

3. 产品实例

JTG-ZW-G1 型点型紫外火焰探测器是通过探测物质燃烧所产生的紫外线来探测火灾的，适用于火灾发生时易产生明火的场所，对发生火灾时有强烈的火焰辐射或无阴燃阶段的场所均可采用本探测器。本探测器与其他探测器配合使用，能及时发现火灾，减少损失。

（1）特点

内置单片机进行信号处理及与火灾报警控制器通信。

采用智能算法，既可以实现快速报警，又可以降低误报率。

三级灵敏度设置，适用于不同干扰程度的场所。

传感器采用进口紫外光敏管，具有灵敏、可靠、抗粉尘污染、抗潮湿及抗腐蚀性气体等优点。

（2）主要技术指标

工作电压：总线 24V。

监视电流≤2mA。

报警电流≤2.5mA。

线制：无极性信号二总线。

探测角度≤800。

保护面积：$S=(h\times\tan\alpha)^2\pi$，$h$：探测器距地面高度，$\alpha=40°$。

报警确认灯：红色，巡检时闪烁，报警时常亮。

使用环境：温度：$-20\sim+55℃$，相对湿度≤95%，不结露。

编码方式：十进制电子编码。

外形尺寸：直径：103mm，高：53.5mm（带底座）。

（3）在下列情形的场所，不宜使用本探测器

可能发生无焰火灾的场所。

在火焰出现前有浓烟扩散的场所。

探测器的"视线"易被遮挡的场所。

探测器易受阳光或其他光源直接或间接照射的场所。

现场有较强紫外线光源，如卤钨灯等的场所。

在正常情况下有明火、电焊作业以及 x 射线、弧光、火花等影响的场所。

（4）结构特征、安装与布线

探测器的外形结构示意图如图 2-17 所示。

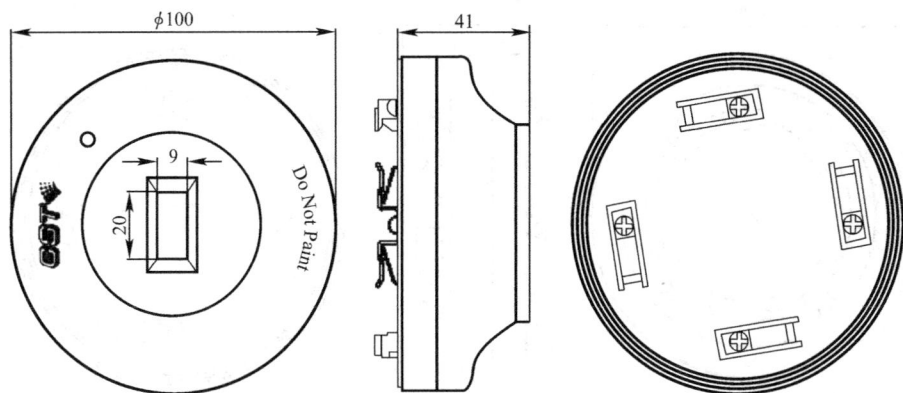

图 2-17　JTG-ZW-G1 型点型紫外火焰探测器外形结构示意图

2.2.4　复合式火灾探测器

JTF-GOM-GST601 型点型复合式感烟感温火灾探测器。

1. 特点

复合探测技术是目前国际上流行的新型多功能高可靠性的火灾探测技术。

JTF-GOM-GST601 点型复合式感烟感温火灾探测器（以下简称探测器）是由烟雾传感器件和半导体温度传感器件从工艺结构和电路结构上共同构成的多元复合探测器。它不仅具有普通散射型光电感烟火灾探测器的性能，而且兼有定温、差定温感温火灾探测器的性能。正是由于感烟与感温的复合技术，使得该款复合探测器能够对国家标准试验火 SH_3（聚氨酯塑料火）和 SH_4（正庚烷火）的燃烧进行探测和报警。同时该款探测器也能对酒精燃烧等有明显温升的明火探测报警，扩大了光电感烟探测器的应用范围。

本探测器为无极性信号二总线制，可接入海湾公司生产的各类火灾报警控制器的报警总线。而且本探测器与海湾公司生产的其他探测器完全兼容，可混合安装在同一总线上。

2. 主要技术指标

（1）探测器类别：A2R。

（2）工作电压：总线 24V。

（3）监视电流≤0.6mA。

（4）报警电流≤1.8mA。

（5）报警确认灯：红色，巡检时闪烁，报警时常亮。

（6）使用环境：温度：−10～+50℃，相对湿度≤95%，不结露。

（7）编码方式：十进制电子编码。

（8）外壳防护等级：IP22。

（9）外形尺寸：直径：100mm，高：56mm（带底座）。

3. 保护面积

建议参考点型感烟火灾探测器和点型感温火灾探测器的设置要求，具体参数应以《火灾自动报警系统设计规范》GB 50116—2013 为准。

4. 结构特征、安装与布线

探测器的外形结构示意图如图 2-18 所示。

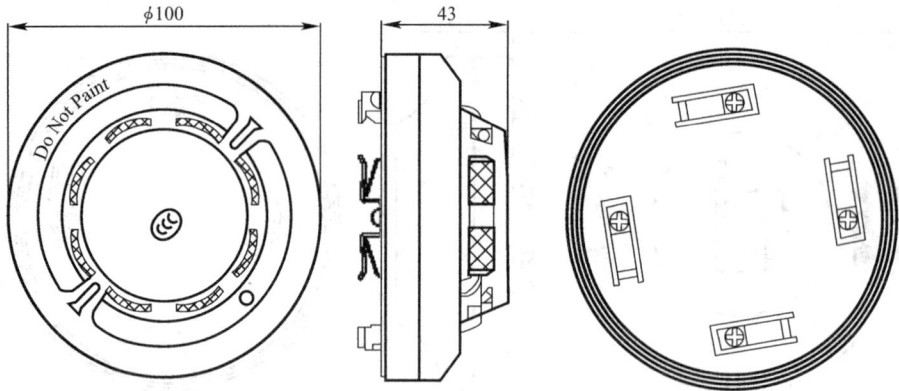

图 2-18 JTF-GOM-GST601 型点型复合式感烟感温火灾探测器外形结构示意图

本探测器的安装及布线与 JTY-GD-G3 型点型光电感烟火灾探测器相同。

2.3 探测器的选择

火灾探测器的选用和设置，是构成火灾自动报警系统的重要环节，直接影响火灾探测器性能的发挥和火灾自动报警系统的整体特性。关于火灾探测器的选用和设置，必须按照现行国家标准《火灾自动报警系统设计标准》GB 50116—2013 和《火灾自动报警系统施工及验收标准》GB 50166—2019 等有关要求和规定执行。

火灾探测器的一般选用原则是：充分考虑火灾形成规律与火灾探测器选用的关系，根据火灾探测区域内可能发生的初期火灾的形成和发展特点、房间高度、环境条件和可能引起误报的各种因素等，综合确定火灾探测器的类型与性能要求。

2.3.1 火灾探测器选择的一般原则

火灾探测器的选择应符合下列规定：

（1）对火灾初期有阴燃阶段，产生大量的烟和少量的热，很少或没有火焰辐射的场所，应选择感烟火灾探测器。

（2）对火灾发展迅速，可产生大量热、烟和火焰辐射的场所，可选择感温火灾探测器、感烟火灾探测器、火焰探测器或其组合。

（3）对火灾发展迅速，有强烈的火焰辐射和少量烟、热的场所，应选择火焰探测器。

（4）对火灾初期有阴燃阶段，且需要早期探测的场所，宜增设一氧化碳火灾探测器。

（5）对使用、生产可燃气体或可燃蒸气的场所，应选择可燃气体探测器。

（6）应根据保护场所可能发生火灾的部位和燃烧材料的分析，以及火灾探测器的类型、灵敏度和响应时间等选择相应的火灾探测器，对火灾形成特征不可预料的场所，可根据模拟试验的结果选择火灾探测器。

（7）同一探测区域内设置多个火灾探测器时，可选择具有复合判断火灾功能的火灾探测器和火灾报警控制器。

2.3.2 火灾形成和发展过程

火灾从本质上来讲是一种特定的物质燃烧过程，它遵循物质燃烧的基本规律，是能量转换的物理、化学过程。在物质燃烧过程中将产生燃烧气体、烟雾、热、光等。

物质燃烧产生的燃烧气体和烟雾，飘浮在空气中，有极强的流动性。如建筑物发生火灾时，燃烧气体和烟雾会进入建筑物内任何空间，从而形成缺氧、有毒气体等，对人的生命构成极大的威胁。

物质燃烧时，由于能量的转化，将释放热量，使环境温度升高。在缓慢燃烧阶段，温升不太显著；当物质着火后，由于火焰的热辐射和燃烧气流的对流加热效应，环境温度迅速上升，火焰的辐射除可见光外，还有大量的红外及紫外辐射。

物质的燃烧过程通常可分为初起阶段、阴燃阶段、火焰放热阶段及衰减阶段等，如图 2-19 所示。

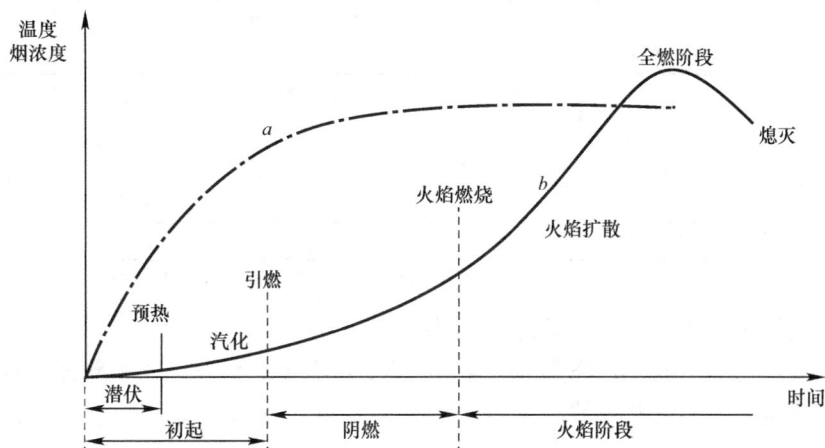

图 2-19　可燃物质典型起火过程

a—烟雾气溶胶浓度与时间关系；b—热气流温度与时间的关系

（1）初起阶段：这一阶段由于物质燃烧开始的预热和汽化作用，主要产生燃烧气体和不可见的气溶胶粒子。没有可见的烟雾和火焰，热量也相当少。环境温升不易鉴别出来，而这些燃烧气体和气溶胶粒子，通过布朗运动、扩散、燃烧产物的浮力以及背景的空气运动，引起微弱的对流。在此阶段，火情仅局限于火源所在部位的一个很小的有限范围内，探测火情早期报警，应从此阶段就开始进行，探测对象是燃烧气体和气溶胶粒子。

（2）阴燃阶段：此阶段以阴燃为起始标志，此时热解作用充分发展，产生大量的肉眼可见和不可见的烟雾，烟雾粒子通过程度逐渐增大的对流运动和背景的空气运动向四周扩散，充满建筑物的内部空间。但此阶段仍没有产生火焰，热量也较少，环境温度并不高，火情尚未达到蔓延发展的程度。此阶段仍是探测火情实现早期报警的重要阶段，探测对象是烟雾粒子。

（3）火焰发热阶段：这是物质燃烧的快速反应阶段，从着火（火焰初起）开始到燃烧充分发展成全然阶段。由于物质内能的快速释放和转化，以火焰热辐射的形式呈球形波地向外传播热量，再加上强烈的对流运动，环境温度迅速上升，同时火情得以逐步蔓延扩散，而且蔓延的速度越来越快，范围越来越广。

（4）衰减阶段：这是物质经全面着火燃烧后逐步衰减至熄灭的阶段。

在大多数情况下，火灾发生和发展过程中前两个阶段的时间较长。在这段时间内，虽然产生了大量的燃烧气体和烟雾，但由于尚未着火，环境温度并不高，所以火情没有蔓延扩散，如果能及时探测到火情，实现早期报警，就可把火灾损失控制在最低程度，并保证人员不遭受伤亡。

有些火灾过程早期阶段和阴燃阶段不明显，骤然产生大量的热，在此情况下，及时报警的探测对象主要是热（温升）。又有些火灾过程一开始就着火爆燃，无早期阶段和阴燃阶段，在此情况下，及时报警的探测对象主要是光（火焰）。

2.3.3 点型火灾探测器的选择

（1）对不同高度的房间，可按表 2-1 选择点型火灾探测器。

对不同高度的房间点型火灾探测器的选择 表 2-1

房间高度 h（m）	点型感烟火灾探测器	点型感温火灾探测器			火焰探测器
		A1、A2	B	C、D、E、F、G	
$12 < h \leqslant 20$	不适合	不适合	不适合	不适合	适合
$8 < h \leqslant 12$	适合	不适合	不适合	不适合	适合
$6 < h \leqslant 8$	适合	适合	不适合	不适合	适合
$4 < h \leqslant 6$	适合	适合	适合	不适合	适合
$h \leqslant 4$	适合	适合	适合	适合	适合

注：表中 A1、A2、B、C、D、E、F、G 为点型感温探测器的不同类型，其具体参数应符合表 2-2 的规定。

（2）下列场所宜选择点型感烟火灾探测器：

饭店、藏馆、教学楼、办公楼的厅堂、卧室、办公室、商场、列车载客车厢等；计算机房、通信机房、电影或电视放映室等；楼梯、走道、电梯机房、车库等；书库、档案库等。

由于汽车尾气排放要求的提高、车库自身环境及通风情况的改善，感烟探测器平时在这些场所不会出现误报，可以采用感烟探测器。如果车库的环境恶劣（如半敞开车库），选用感烟探测器会产生误报时，还是会选用感温探测器。

（3）符合下列条件之一的场所，不宜选择点型离子感烟火灾探测器：

相对湿度经常大于 95%；气流速度大于 5m/s；有大量粉尘、水雾滞留；可能产生腐蚀性气体；在正常情况下有烟滞留；产生醇类、醚类、酮类等有机物质。

（4）符合下列条件之一的场所，不宜选择点型光电感烟火灾探测器：

有大量粉尘、水雾滞留；可能产生蒸汽和油雾；高海拔地区；在正常情况下有烟滞留。

（2）～（4）条列出了宜选择点型感烟火灾探测器的场所和不宜选择点型离子感烟火灾探测器或点型光电感烟火灾探测器的场所。事实上，感烟火灾探测器的响应行为基本上是由它的工作原理决定的。不同烟粒径和不同可燃物产生的烟对两种探测器适用性是不一样的。从理论上讲，离子感烟火灾探测器可以探测任何一种烟，对粒子尺寸无特殊限制，只存在响应行为的数值差异，但其探测性能受长期潮湿影响较大。而光电感烟火灾探测器对粒径小于 $0.4\mu m$ 的粒子的响应较差。高海拔地区由于空气稀薄，烟粒子也稀薄，因此光电感烟探测器就不容易响应，而离子感烟探测器电离出来的离子本身就会由于空气稀薄而减少，所以其探测灵敏度不会受影响，因此高海拔地区宜选择离子感烟火灾探测器。

三种感烟火灾探测器对不同烟粒径的响应特性如图 2-20 所示。

图 2-21 给出了点型离子感烟火灾探测器和点型散射型光电火灾感烟探测器在标准燃烧实验中，燃烧不同的物质使探测器报警所需的物料消耗。

（5）符合下列条件之一的场所，宜选择点型感温火灾探测器；且应根据使用场所的典型应用温度和最高应用温度选择适当类别的感温火灾探测器（其分类如表 2-2 所示）。

相对湿度经常大于 95%；可能发生无烟火灾；有大量粉尘；吸烟室等在正常情况下有烟或蒸气滞留的场所；厨房、锅炉房、发电机房、烘干车间等不宜安装感烟火灾探

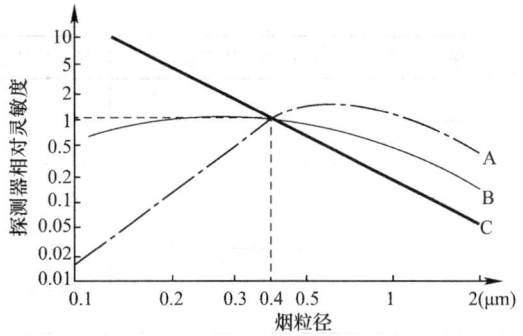

图 2-20　感烟火灾探测器对不同烟粒径的响应
A—散射型光电感烟探测器；B—减光型光电感烟探测器；C—离子感烟探测器

测器的场所；需要联动熄灭"安全出口"标志灯的安全出口内侧；其他无人滞留且不适合安装感烟火灾探测器，但发生火灾时需要及时报警的场所。

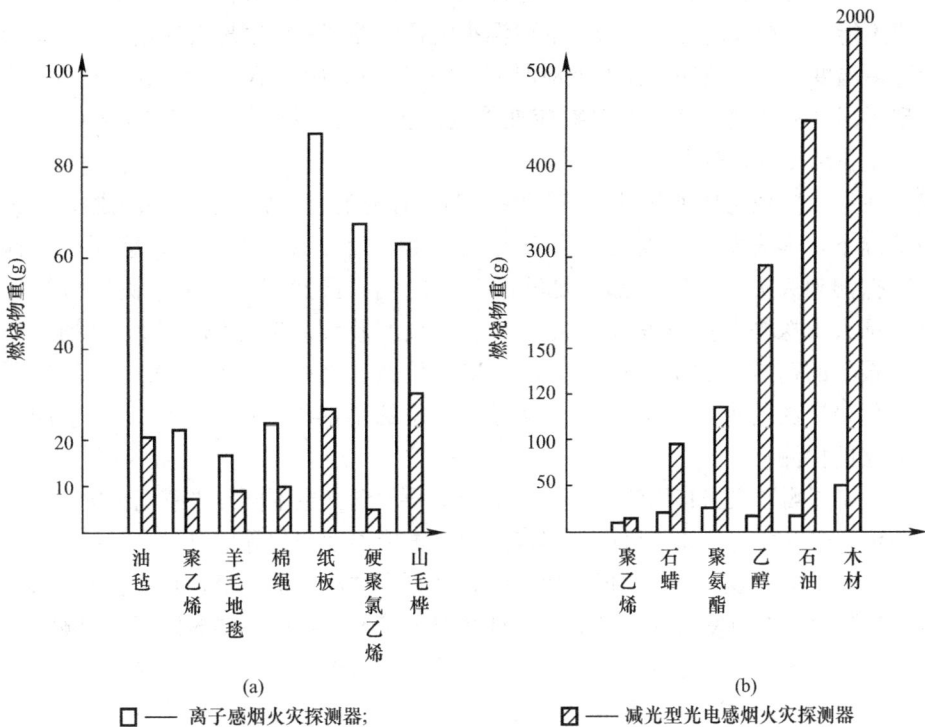

图 2-21　点型离子感烟火灾探测器和点型散射型光电火灾感烟探测器燃烧
不同的物质使探测器报警所需的物料消耗
（a）阴燃火；（b）明火

点型感温火灾探测器分类　　　　　　　　　　　表 2-2

探测器类别	典型应用温度（℃）	最高应用温度（℃）	动作温度下限值（℃）	动作温度上限值（℃）
A1	25	50	54	65
A2	25	50	54	70

续表

探测器类别	典型应用温度（℃）	最高应用温度（℃）	动作温度下限值（℃）	动作温度上限值（℃）
B	40	65	69	85
C	55	80	84	100
D	70	95	99	115
E	85	110	114	130
F	100	125	129	145
G	115	140	144	160

（6）可能产生阴燃火或发生火灾不及时报警将造成重大损失的场所，不宜选择点型感温火灾探测器；温度在0℃以下的场所，不宜选择定温探测器；温度变化较大的场所，不宜选择具有差温特性的探测器。

（5）～（6）条列出了宜选择和不宜选择点型感温火灾探测器的场所。一般来说，感温火灾探测器对火灾的探测不如感烟火灾探测器灵敏，它们对阴燃火不可能响应，只有当火焰达到一定程度时，感温火灾探测器才能响应。因此感温火灾探测器不适宜保护可能由小火造成不能允许损失的场所；现行的感温火灾探测器产品国家标准根据感温火灾探测器的使用环境温度确定感温探测器的响应时间，0℃以下场所，不适合使用定温感温火灾探测器；现行国家标准规定具有差温响应性能的感温火灾探测器为 R 型感温火灾探测器，不适合使用在温度变化较大的场所。

我们在绝大多数场所使用的火灾探测器都是普通的点型感烟火灾探测器。这是因为在一般情况下，火灾发生初期均有大量的烟产生，最普遍使用的点型感烟火灾探测器都能及时探测到火灾，报警后都有足够的疏散时间。虽然有些火灾探测器可能比普通的点型感烟火灾探测器更早发现火灾，但由于点型感烟火灾探测器在一般场所完全能满足及时报警的需求，加上其性能稳定、物美价廉、维护方便等因素，使其理所当然地成为应用最广泛的火灾探测器。一般情况下说的早期火灾探测，都是指感烟火灾探测器对火灾的探测。

感温火灾探测器根据其用法不同，其报警信号的含义也不同。当感温火灾探测器直接用于探测物体温度变化，如堆垛内部温度变化、电缆温度变化等情况时，其报警信号会比感烟火灾探测器早很多，此时的报警信号的含义更多的成分是预警，并不表示已发展到火灾阶段，只是提醒有引发火灾的可能。这种情况下感温火灾探测器的作用与探测由于真正发生火灾后而引起空间温度变化的感温探测器的作用有着本质的区别。在火灾发展过程中的温度参数和火焰参数通常被用于表示火灾发展的程度，就是说火灾发生后，探测空间温度的感温火灾探测器动作表明火灾已经发展到应该启动自动灭火设施的程度了，所以点型感温火灾探测器经常用于确认火灾并联动自动灭火系统。

（7）符合下列条件之一的场所，宜选择点型火焰探测器或图像型火焰探测器。

火灾时有强烈的火焰辐射；可能发生液体燃烧等无阴燃阶段的火灾；需要对火焰做出快速反应的场所。

（8）符合下列条件之一的场所，不宜选择点型火焰探测器和图像型火焰探测器。

在火焰出现前有浓烟扩散；探测器的镜头易被污染；探测器的"视线"易被油雾、烟雾，水雾和冰雪遮挡；探测区域内的可燃物是金属和无机物；探测器易受阳光、白炽灯等光源直接或间接照射。

火焰探测器只要有火焰的辐射就能响应，对明火的响应也比感温火灾探测器和感烟火灾探测器快得多，所以火焰探测器特别适用于大型油罐储区、石化作业区等易发生明火燃烧的场所或者明火的蔓延可能造成重大危险等场所的火灾探测。

从火焰探测器到被探测区域必须有一个清楚的视野，火灾可能有一个初期阴燃阶段，在此阶段有浓烟扩散时不宜选择火焰探测器。

在空气相对湿度大、空气中悬浮颗粒物多的场所，探测器的镜头易被污染，不宜选择火焰探测器。

光传播的主要抑制因素为油雾或膜、浓烟、碳氢化合物蒸气、水膜或冰。在冷藏库、洗车房、喷漆车间等场所易出现的油雾、烟雾、水雾等能显著降低光信号的强度，这些场所不宜选择火焰探测器。

（9）探测区域内正常情况下有高温物体的场所，不宜选择单波段红外火焰探测器。正常情况下有明火作业，探测器易受 x 射线、弧光和闪电等影响的场所，不宜选择紫外火焰探测器。

保护区内能够产生足够热量的电力设备或其他高温物质所产生的热辐射，在达到一定强度后可能导致单波段红外火焰探测器的误动作。双波段红外火焰探测器增加一个额外波段的红外传感器，通过信号处理技术对两个波段信号进行比较，可以有效消除热体辐射的影响。

以下场所产生的紫外线干扰会对紫外火焰探测器正常工作产生影响：

1）应用焊接或气割的车间可能发射出宽频带连续能谱的紫外线。等离子焊接所产生的温度更高，发射出功率更强的紫外线。

2）印刷工业车间、摄影室、制版室、拍摄电影棚中的高（低）压汞弧灯、高压氙灯、闪光灯、石英卤素灯、荧光灯及灭虫子的黑光灯等，也可发射不同波长的紫外线。

3）温度在 3000℃以上的电极炼钢厂房，常发射波长小于 290nm 的紫外线。

（10）下列场所宜选择可燃气体探测器。

使用可燃气体的场所；燃气站和燃气表房以及存储液化石油气罐的场所；其他散发可燃气体和可燃蒸气的场所。

（11）在火灾初期产生一氧化碳的下列场所可选择点型一氧化碳火灾探测器。

在烟不容易对流或顶棚下方有热屏障的场所；在棚顶上无法安装其他点型火灾探测器的场所；需要多信号复合报警的场所。

（12）污物较多且必须安装感烟火灾探测器的场所，应选择间断吸气的点型采样吸气式感烟火灾探测器或具有过滤网和管路自清洗功能的管路采样吸气式感烟火灾探测器。

2.3.4　其他类型火灾探测器的选择

1. 线型火灾探测器的选择

（1）无遮挡的大空间或有特殊要求的房间，宜选择线型光束感烟火灾探测器。

（2）符合下列条件之一的场所，不宜选择线型光束感烟火灾探测器。

有大量粉尘、水雾滞留；可能产生蒸气和油雾；在正常情况下有烟滞留；固定探测器的建筑结构由于振动等原因会产生较大位移的场所。

（3）下列场所或部位，宜选择缆式线型感温火灾探测器。

电缆隧道、电缆竖井、电缆夹层、电缆桥架；不易安装点型探测器的夹层、闷顶；各种皮带输送装置；其他环境恶劣不适合点型探测器安装的场所。

（4）下列场所或部位，宜选择线型光纤感温火灾探测器。

除液化石油气外的石油储罐；需要设置线型感温火灾探测器的易燃易爆场所；需要监测环境温度的地下空间等场所宜设置具有实时温度监测功能的线型光纤感温火灾探测器；公路隧道、敷设动力电缆的铁路隧道和城市地铁隧道等。

线型定温火灾探测器的选择，应保证其不动作温度符合设置场所的最高环境温度的要求。

2. 吸气式感烟火灾探测器的选择

（1）下列场所宜选择吸气式感烟火灾探测器。

具有高速气流的场所；点型感烟、感温火灾探测器不适宜的大空间、舞台上方、建筑高度超过 12m 或有特殊要求的场所；低温场所；需要进行隐蔽探测的场所；需要进行火灾早期探测的重要场所；人员不宜进入的场所。

（2）灰尘比较大的场所，不应选择没有过滤网和管路自清洗功能的管路采样式吸气感烟火灾探测器。

2.4 火灾探测器的设置

2.4.1 点型火灾探测器的设置数量

在实际设计过程中，房间大小及探测区大小不一，房间高度、顶棚坡度也各异，那么怎样确定探测器的数量呢？规范规定：探测区域内每个房间应至少设置一个火灾探测器。这里提到的"每个房间"是指一个探测区域中可相对独立的房间，包括火车卧铺车厢的封闭空间等类似场所，即使该房间面积比一个探测器的保护面积小得多，也应设置一个探测器保护。而一个探测区域内应设置的探测器数量 N，可由式（2-1）计算决定。

$$N \geqslant \frac{S}{K \cdot A} \tag{2-1}$$

式中　N——应设置的探测器数量（只），取整数；

　　　S——探测区域面积，m^2；

　　　A——探测器的保护面积，m^2；

　　　K——修正系数，容纳超过 10000 人的公共场所宜取 $0.7\sim0.8$；容纳 $2000\sim10000$ 人的公共场所宜取 $0.8\sim0.9$；容纳 $500\sim2000$ 人的公共场所宜取 $0.9\sim1.0$，其他场所可取 1.0。

1. 探测器的保护面积和保护半径

确定建筑中设置点型火灾探测器的数量，首先要确定探测器的保护面积和保护半径。探测器的保护面积是指一只火灾探测器能有效探测的面积。保护半径是指一只火灾探测器能有效探测的单向最大水平距离。对于一个探测器而言，其保护面积和保护半径的大小与其探测器的类型、探测区域的面积、房间高度及屋顶坡度都有关系，具体数值见表 2-3。

点型火灾探测器的保护面积 A 和保护半径 R　　　　　　　　　　表 2-3

火灾探测器种类	地面面积 S（m²）	房间高度 H（m）	探测器的保护面积 A 和保护半径 R					
			屋顶坡度 θ					
			$\theta \leqslant 15°$		$15° < \theta \leqslant 30°$		$\theta > 30°$	
			A（m²）	R（m）	A（m²）	R（m）	A（m²）	R（m）
感烟探测器	$\leqslant 80$	$\leqslant 12$	80	6.7	80	7.2	80	8.0
	>80	$6 < H \leqslant 12$	80	6.7	100	8.0	120	9.9
		$\leqslant 6$	60	5.8	80	7.0	100	9.0
感温探测器	$\leqslant 30$	$\leqslant 8$	30	4.4	30	4.9	30	5.5
	>30	$\leqslant 8$	20	3.6	30	4.9	40	6.3

其中房间高度的具体规定如下。

房间高度 H 是指探测器安装位置（点）距该保护区域（层）地面的高度。若安装面（房间顶面）不是水平的（即为斜面或曲面顶），则安装高度 H 取中值计算，如图 2-22 所示。

$$H = \frac{H_{max} + h_{min}}{2} \tag{2-2}$$

式中　H_{max}——安装面最高部位高度；

　　　h_{min}——安装面最低部位高度。

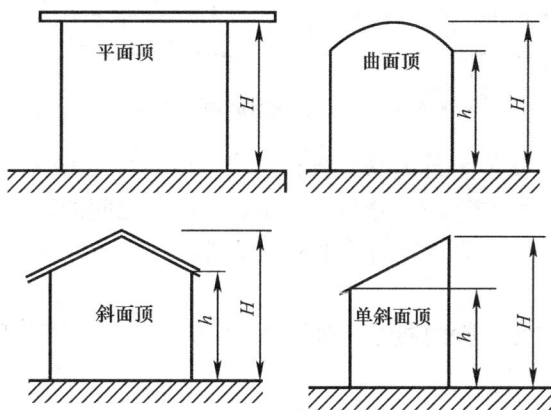

图 2-22　安装高度的计算图

关于表 2-3 有如下几点说明：

（1）当火灾探测器装于不同坡度的顶棚上时，随着顶棚坡度的增大，烟雾沿斜顶和屋脊聚集，使安装在屋脊（或靠近屋脊）的探测器感受烟或感受热气流的机会增加。因此，火灾探测器的保护半径也相应地加大。

（2）当火灾探测器监测的地面面积 $S > 80$m² 时，安装在其顶棚上的感烟探测器受其他环境条件的影响较小。房间越高，火源与顶棚之间的距离越大，则烟均匀扩散的区域越大，对烟的容量也越大，人员疏散时间就越有保证。因此，随着房间高度增加，火灾探测器保护的地面面积也增大。

（3）感烟火灾探测器对各种不同类型的火灾的敏感程度有所不同，因而难以规定感烟火灾探测器灵敏度等级与房间高度的对应关系。但考虑到火灾初期房间越高烟雾越稀薄的情况，当房间高度增加时，可将火灾探测器的感烟灵敏度档次（等级）调高。

建筑高度不超过14m的封闭探测空间，且火灾初期会产生大量烟时，可设置点型感烟火灾探测器。

2. 火灾探测器的安装间距

探测器的安装间距是指两只相邻火灾探测器中心之间的水平距离。当探测区域（面积）为矩形时，则 a 为横向安装间距，b 为纵向安装间距，如图2-23所示。

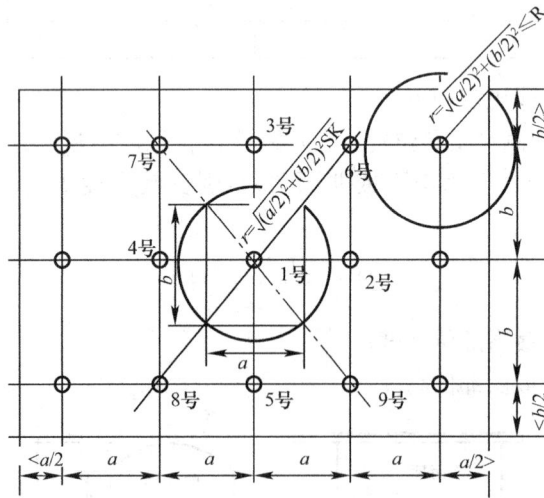

图 2-23 安装间距的说明图例

从图2-23可以看出安装间距 a，b 的实际意义。以图2-23中1号探测器为例，安装间距是指1号探测器与2号，3号，4号和5号相邻探测器之间的距离，而不是1号探测器与6号，7号，8号，9号探测器之间的距离。显然，只有当探测区域内探测器按正方形布置时，才有 $a=b$。

从图2-23还可以看出，探测器保护面积 A，保护半径 R 与安装间距 a，b 具有下列近似关系：

$$R \geqslant \sqrt{\left(\frac{a}{2}\right)^2 + \left(\frac{b}{2}\right)^2} = r \tag{2-3}$$

$$A \geqslant a \cdot b \tag{2-4}$$

$$D = 2R \tag{2-5}$$

在工程设计中，为了尽快地确定某个探测区域内火灾探测器的安装间距 a 和 b，经常利用"安装间距 a、b 的极限曲线"（如图2-24）。事实上，a、b 的极限曲线就是按照式（2-3）～式（2-5）绘出的。应用这一曲线，可以按照选定的火灾探测器的保护面积 A 和保护半径 R 立即确定出安装间距 a 和 b。

有时我们也简称"安装间距 a、b 的极限曲线"为"D_i——极限曲线"，D_i 有时也称为保护直径。应当说明，在图2-24所示的 D_i——极限曲线中：

（1）极限曲线 $D_1 \sim D_4$ 和 D_6 适宜于保护面积 $A=20m^2$，$30m^2$，$40m^2$ 及其保护半径 $R=3.6m$，$4.4m$，$4.9m$，$5.5m$ 和 $6.3m$ 的感温火灾探测器。

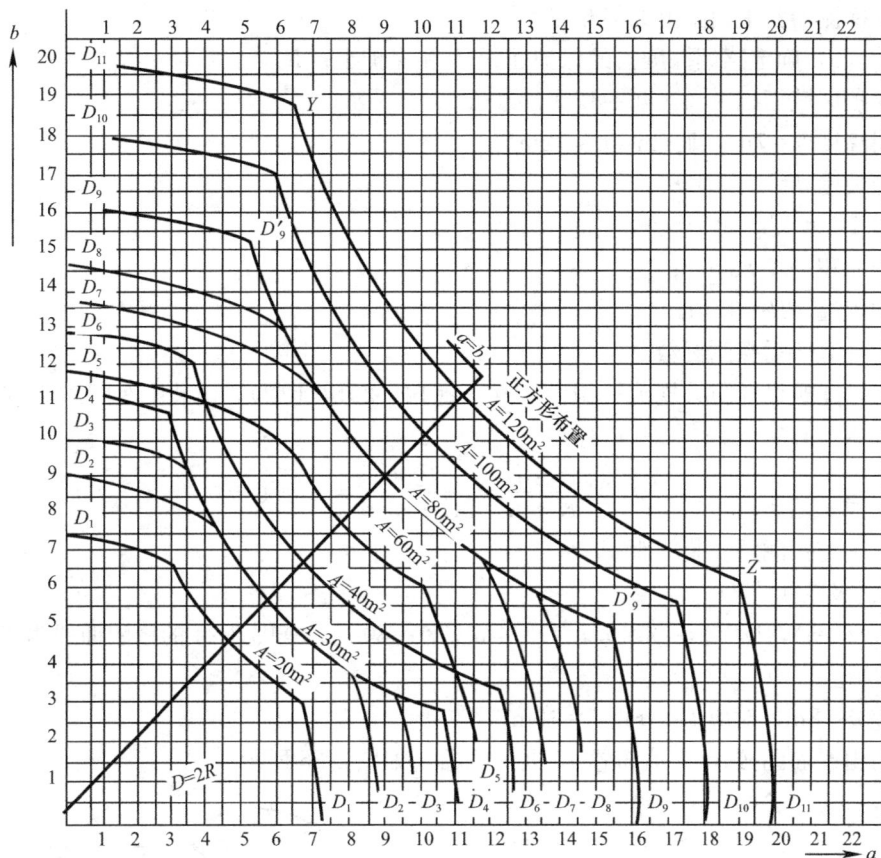

图 2-24 安装间距 a，b 的极限曲线

注：图中，A—探测器的保护面积，m^2；a，b—探测器的安装间距，m；

在 Y 和 Z 两点间的曲线范围内，保护面积可得到充分利用

（2）极限曲线 D_5 和 $D_7 \sim D_{11}$、（含 D'_9）适宜于保护面积 $A=60m^2$，$80m^2$，$100m^2$，$120m^2$ 及其保护半径 $R=5.8m$，6.7m，7.2m，8.0m，9.0m 和 9.9m 的感烟火灾探测器。

（3）各条 D_i 极限曲线端点 Y_i 和 Z_i，坐标值（a_i，b_i），即安装间距 a，b 的极限值，如表 2-4 所示。

D_i——极限曲线端点坐标值 表 2-4

极限曲线 D_i	Y_i（$a_i \cdot b_i$）点	Z_i（$a_i \cdot b_i$）点	极限曲线 D_i	Y_i（$a_i \cdot b_i$）点	Z_i（$a_i \cdot b_i$）点
D_1	Y_1（3.1·6.5）	Z_1（6.5·3.1）	D_7	Y_7（7.0·11.4）	Z_7（11.4·7.0）
D_2	Y_2（3.3·7.9）	Z_2（7.9·3.3）	D_8	Y_8（6.1·13.0）	Z_8（13.0·6.1）
D_3	Y_3（3.2·9.2）	Z_3（9.2·3.2）	D_9	Y_9（5.3·15.1）	Z_9（15.1·5.3）
D_4	Y_4（2.8·10.6）	Z_4（10.6·2.3）	D'_9	Y'_9（6.9·14.4）	Z'_9（14.4·6.9）
D_5	Y_5（6.1·9.9）	Z_5（9.9·6.1）	D_{10}	Y_{10}（5.9·17.0）	Z_{10}（17.0·5.9）
D_6	Y_6（3.3·12.2）	Z_4（12.2·3.3）	D_{11}	Y_{11}（6.4·18.7）	Z_{11}（18.7·6.4）

3. 实例

为说明探测器平面布置的做法，以下例说明。

［例 2-1］某玩具装配车间，长 30m，宽 40m，高 7m，平顶，用感烟探测器保护，试

问需多少探测器？平面图上如何布置？

[解]（1）确定感烟探测器的保护面积 A 和保护半径 R。

因保护区域面积＝$30 \times 40 = 1200 \text{m}^2$。

房间高度 $h = 7\text{m}$，即 $6\text{m} < h \leqslant 12\text{m}$。

顶棚坡度 $\theta = 0°$，即 $\theta \leqslant 15°$。

查表 2-3 可得，感烟探测器：

保护面积　$A = 80 \text{m}^2$；

保护半径　$R = 6.7 \text{m}$。

（2）计算所需探测器数 N

根据《建筑设计防火规范》GB 50016—2014（2018 年版），该装配车间属非重点保护建筑，取 $K = 1.0$。由式（2-1）有：

$$N \geqslant \frac{S}{K \cdot A} = \frac{1200}{1.0 \times 80} = 15 \text{ 只}$$

（3）确定探测器安装间距 a、b

1）查极限曲线 D

由式（2-5），$D = 2R = 2 \times 6.7 = 13.4\text{m}$，$A = 80\text{m}^2$。查图 2-24 的极限曲线为 D_7。

2）确定 a、b

认定 $a = 8\text{m}$，对应 D_7 查得 $b = 10\text{m}$。

（4）由平面图按 a、b 值布置 15 只探测器，如图 2-25 所示。

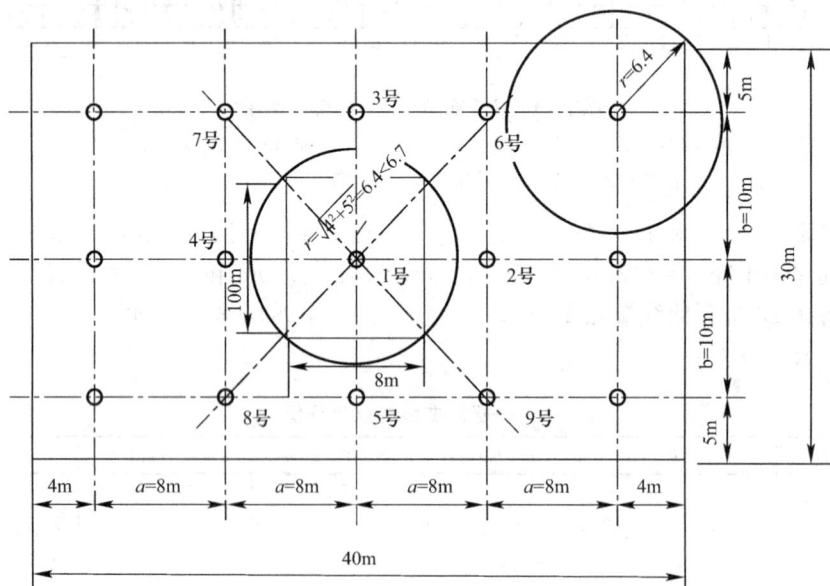

图 2-25　探测器布置图

（5）校核

由式（2-3）算得：

$$r = \sqrt{\left(\frac{a}{2}\right)^2 + \left(\frac{b}{2}\right)^2} = \sqrt{\left(\frac{8}{2}\right)^2 + \left(\frac{10}{2}\right)^2} = 6.4\text{m}$$

即　$6.7m=R>r=6.4m$　满足保护半径 R 的要求。

综上所述，将探测器平面布置的步骤归纳如下：

（1）根据探测器保护区域的地面面积 S、房间高度 H、屋顶坡度 θ 及选用的火灾探测器种类查表 2-3，得出使用该种探测器的保护面积 A 和保护半径 R。然后按式（2-1）计算所需设置的探测器数量 N，计算结果取整数，所得 N 值是该保护区域所需设置的最小数量。

（2）根据上述查得的保护面积 A 和保护半径 R 值，由图 2-25 查得对应的极限曲线 D 上选取安装间距 a、b，并根据给定的平面图对探测器进行布置。

（3）对已绘出的探测器布置平面图，校核探测器到最远点的水平距离 r 是否超过探测器的保护半径 R，若超过则应重新选定安装间距 a、b；若仍然不能满足校核条件，则应增加探测器的设置数量 N，并重新布置，直到满足 $R>r$ 为止。a、b 值差别不大的布置中，按上述方法得出的结果，一般都能满足要求。a、b 值差别较大的布置中，往往会出现由式（2-1）算出的 N 值不能满足保护半径 R 的要求，需通过增大 N 值才能满足校核条件。

2.4.2　点型火灾探测器的设置要求

在消防工程设计施工中，针对不同的建筑构造，对火灾探测器的安装要求是不相同的。下面提出几点主要安装规则：

（1）房间顶棚有梁的情况

由于梁对烟的蔓延会产生阻碍，因而使火灾探测器的保护面积受到影响。如果梁间区域的面积较小，梁对热气流（或烟气流）形成障碍，并吸收一部分热量，因而火灾探测器的保护面积必然下降。为补偿这一影响，工程中是按梁的高度情况加以考虑的。

1）当梁凸出顶棚的高度小于 200mm 时，在顶棚上设置感烟、感温火灾探测器，可以忽略梁对火灾探测器保护面积的影响；

2）当梁凸出顶棚高度在 200～600mm 时，设置的感烟、感温火灾探测器应按图 2-26 和表 2-5 来确定梁的影响和一只火灾探测器能够保护的梁间区域的个数（"梁间区域"指的是高度在 200～600mm 的梁所包围的区域）；

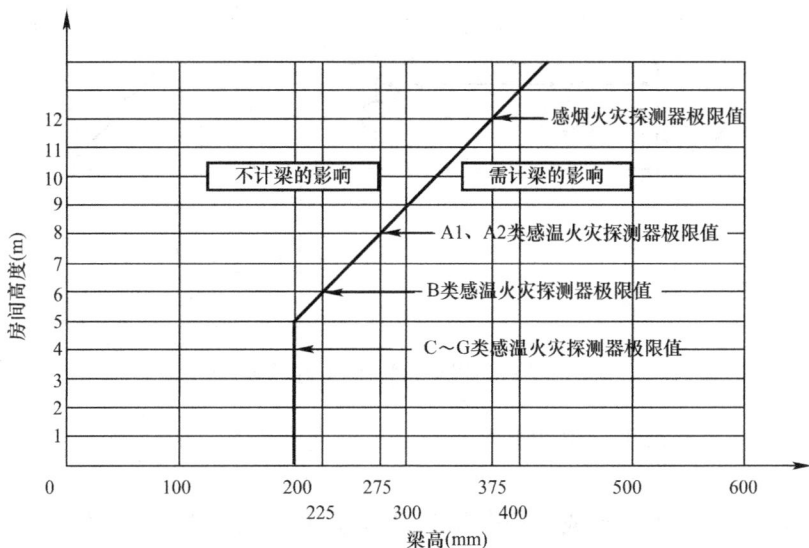

图 2-26　不同高度的房间梁对探测器设置的影响

按梁间区域面积确定一只火灾探测器能够保护的梁间区域的个数　　　表 2-5

探测器的保护面积（m²）		梁隔断的梁间区域面积 Q（m²）	一只探测器保护的梁间区域的个数
感温探测器	20	$Q>12$	1
		$8<Q\leqslant12$	2
		$6<Q\leqslant8$	3
		$4<Q\leqslant6$	4
		$Q\leqslant4$	5
	30	$Q>18$	1
		$12<Q\leqslant18$	2
		$9<Q\leqslant12$	3
		$6<Q\leqslant9$	4
		$Q\leqslant6$	5
感烟探测器	60	$Q>36$	1
		$24<Q\leqslant36$	2
		$18<Q\leqslant24$	3
		$12<Q\leqslant18$	4
		$Q\leqslant12$	5
	80	$Q>48$	1
		$32<Q\leqslant48$	2
		$24<Q\leqslant32$	3
		$16<Q\leqslant24$	4
		$Q\leqslant16$	5

3）当梁凸出顶棚高度超过 600mm 时，则被其隔开的部分需单独划为一个探测区域；

4）当梁间净距离小于 1m 时，可视为平顶棚。

（2）在宽度小于 3m 的内走道的顶棚设置探测器时应居中布置。感温探测器的安装间距不应超过 10m，感烟探测器安装间距不应超过 15m。探测器至端墙的距离，不应大于探测器安装间距的一半，建议在走道的交叉和汇合区域上，安装 1 只探测器，如图 2-27 所示。

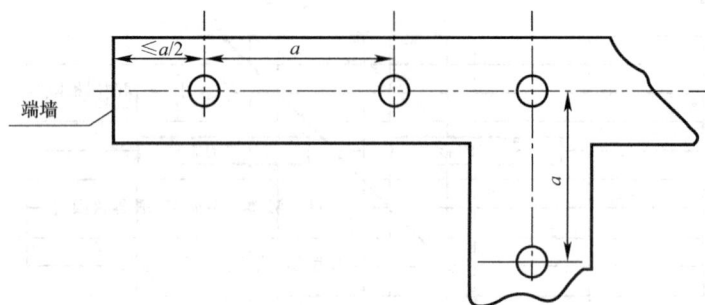

图 2-27　探测器布置在内走道顶棚上

（3）点型探测器至墙壁、梁边的水平距离，不应小于 0.5m。点型探测器周围 0.5m 内，不应有遮挡物。

（4）房间被书架、贮藏架或设备等阻断分隔，其顶部至顶棚或梁的距离小于房间净高的 5% 时，则每个被隔开的部分至少安装一只探测器，如图 2-28 所示。

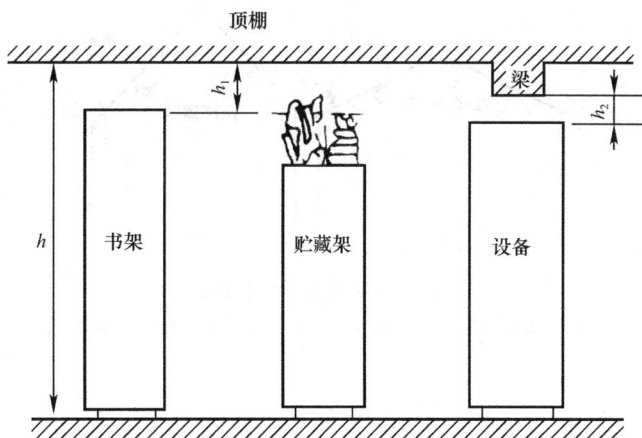

图 2-28　房间有书架、设备等分隔

探测器设置 $h_1 < 5\%h$ 或 $h_2 < 5\%h$

［例 2-2］某书库地面面积为 40m²，房间高度为 3m，内有两书架分别安在房中间，书架高度为 2.9m，问应选用几只感烟探测器？

［解］房间高度减去书架高度等于 0.1m，为净高的 3.3%，可见书架顶部至顶棚的距离小于房间净高的 5%，所以应选用 3 只探测器。

即每个被隔开的部分均应放一只探测器。

（5）在空调机房内，探测器应安装在离送风口 1.5m 以上的地方，离多孔送风顶棚孔口的距离不应小于 0.5m，如图 2-29 所示。

（6）当屋顶有热屏障时，点型感烟火灾探测器下表面至顶棚或屋顶的距离，应符合表 2-6 的规定。

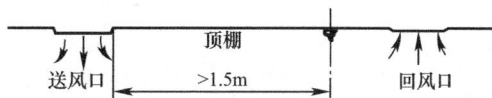

图 2-29　探测器装于有空调房间时的位置示意

点型感烟火灾探测器下表面至顶棚或屋顶的距离　　表 2-6

探测器安装高度 h（m）	点型感烟火灾探测器下表面至顶棚或屋顶的距离 d（mm）					
	顶棚或屋顶坡度 θ					
	$\theta \leqslant 15°$		$15° < \theta \leqslant 30°$		$\theta > 30°$	
	最小	最大	最小	最大	最小	最大
$h \leqslant 6$	30	200	200	300	300	500
$6 < h \leqslant 8$	70	250	250	400	400	600
$8 < h \leqslant 10$	100	300	300	500	500	700
$10 < h \leqslant 12$	150	350	350	600	600	800

（7）锯齿形屋顶和坡度大于 15° 的人字形屋顶，应在每个屋脊处设置一排点型探测器，探测器下表面至屋顶最高处的距离应符合表 2-6 的规定。

（8）探测器宜水平安装，如需倾斜安装时，倾斜角不应大于 45°，当屋顶坡度 θ 大于 45°时，应加木台或类似方法安装探测器，如图 2-30 所示。

（9）在电梯井、升降机井设置探测器时，未按每层封闭的管道井（竖井）等处，其位置宜在井道上方的机房顶棚上。

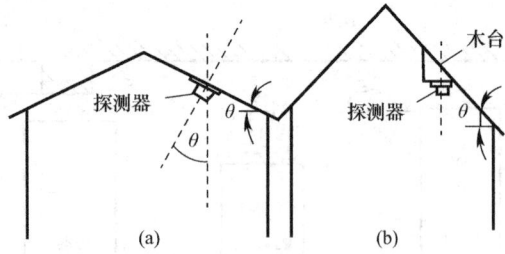

图 2-30　探测器的安装角度

（a）$\theta < 45°$时；（b）$\theta > 45°$时（θ 为屋顶的法线与垂直方向的交角）

复习思考题

1. 火灾探测器分为几种？

2. 选择探测器应考虑哪些方面的要求？

3. 布置探测器时应考虑哪些方面的问题？

4. 已知某计算机房，房间高度为 8m，地面面积为 15m×20m，房顶坡度为 18°，属于非重点保护建筑。①确定探测器种类；②确定探测器的数量；③布置探测器。

5. 已知某锅炉房，房间高度为 4m、地面面积为 10m×20m，房顶坡度为 10°，属于非重点保护建筑。①确定探测器的类型；②确定探测器的数量；③布置探测器。

第3章　火灾探测报警系统

通过第1章绪论中的介绍可知，火灾自动报警系统由火灾探测报警系统、消防联动控制系统、可燃气体探测报警系统及电气火灾监控系统组成（见图3-1）。火灾探测器是对火灾现象进行有效探测的基础与核心，火灾探测器的选用及其与火灾报警控制器的有机配合，是火灾监控系统设计的关键。火灾报警控制器是火灾信息数据处理、火灾识别、报警判断和设备控制的核心，最终通过消防联动控制设备实施对消防设备及系统的联动控制和灭火操作。

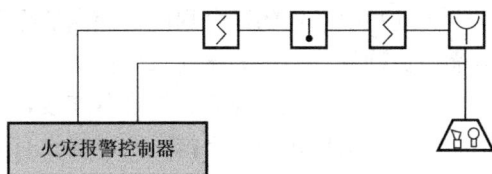

图 3-1　火灾探测报警系统组成示意

控制和灭火操作。因此，根据火灾报警控制器功能与结构，以及系统设计构思的不同，火灾监控系统呈现出不同的技术产品形式。

3.1　火灾探测报警系统

火灾探测报警系统是实现火灾早期探测并发出火灾报警信号的系统，一般由火灾触发器件（火灾探测器、手动火灾报警按钮）、声和/或光警报器、火灾报警控制器等组成。

图 3-1 和图 3-2 分别是火灾探测报警系统组成示意和实物图示。

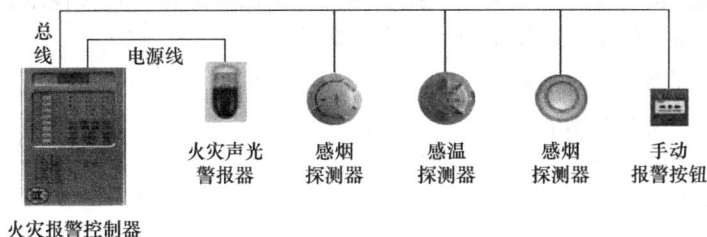

图 3-2　火灾探测报警系统构成实物图示

3.2　手动报警按钮

触发器件是在火灾自动报警系统中，自动或手动产生火灾报警信号的器件，各种火灾探测器就是自动触发器件，手动报警按钮是手动发送信号、通报火警的触发器件。在火灾自动报警系统设计时，自动和手动两种触发装置应同时按照规范要求设置，尤其是手动报警可靠易行，是系统必设功能。在前面的学习中，我们已经对各种火灾探测器进行了介绍，这里我们主要介绍手动火灾报警按钮的功能。

3.2.1　手动报警按钮的作用和构造原理

手动火灾报警按钮是用手动方式产生火灾报警信号、启动火灾自动报警系统的器件，也是火灾自动报警系统中不可缺少的组成部分之一。

手动报警开关为装于金属盒内的按键，一般将金属盒嵌入墙内，外露红色边框的保护罩。人工确认火灾后，敲破保护罩，将键按下，此时，一方面就地的报警设备（如火警讯响器、火警电铃）动作，另一方面手动信号还送到区域报警器，发出火灾警报。像探测器一样，手动报警开关也在系统中占有一个部位号。有的手动报警开关还具有动作指示、接受返回信号等功能。

手动报警按钮的紧急程度比探测器报警紧急，一般不需要确认。所以手动按钮要求更可靠、更确切，处理火灾要求更快。

手动报警按钮宜与集中报警器连接，且应单独占用一个部位号。因为集中控制器设在消防室内，能更快采取措施，所以当没有集中报警器时，它才接入区域报警器，但应占用一个部位号。

随着火灾自动报警系统的不断更新，手动报警按钮也在不断发展，不同厂家生产的不同型号的报警按钮各有特色，但其主要作用基本是一致的。以下介绍几种手动报警按钮的构造及原理，以了解不同报警按钮的特征。

3.2.2　产品实例

1. J-SAM-GST9121 型手动火灾报警按钮

J-SAM-GST9121 手动火灾报警按钮安装在公共场所，当人工确认火灾发生后按下报警按钮上的按片，可向控制器发出火灾报警信号，控制器接收到报警信号后，显示出报警按钮的编码信息并发出报警声响。本手动火灾报警按钮主要具有以下特点：

（1）采用拔插式结构设计，安装简单方便。

（2）按下报警按钮按片，报警按钮提供的独立输出触点，可直接控制其他外部设备。

（3）报警按钮上的按片在按下后可用专用工具复位。

（4）用微处理器实现对消防设备的控制，用数字信号与控制器进行通信，工作稳定可靠，对电磁干扰有良好的抑制能力。

（5）地址码为电子编码，可现场改写。

主要技术指标

（1）工作电压：总线 24V。

（2）监视电流≤0.6mA。

（3）报警电流≤1.8mA。

（4）线制：与控制器无极性二线制连接。

（5）输出容量：额定 DC30V/100mA 无源输出触点信号，接触电阻≤0.1Ω。

（6）使用环境：温度：-10～+55℃，相对湿度≤95%，不结露。

（7）外壳防护等级：IP43。

（8）外形尺寸：95.4mm×98.4mm×45.5mm（带底壳）。

手动火灾报警按钮外形示意图如图 3-3 所示。

手动火灾报警按钮外接端子示意图如图 3-4 所示。其中 Z1、Z2：无极性信号二总线接线端子。K1、K2：额定 DC30V/100mA 无源常开输出端子，当报警按钮按下时，输出触点闭合信号，可直接控制外部设备。

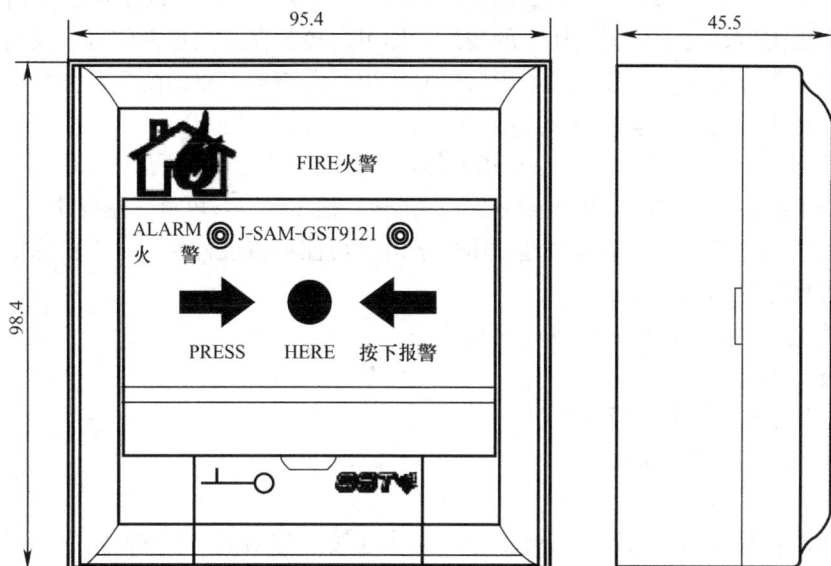

图 3-3　J-SAM-GST9121 型手动火灾报警按钮外形示意图

布线要求：信号线 Z1、Z2 采用阻燃 RVS 双绞线，导线截面 $\geqslant 1.0 \text{mm}^2$。

手动火灾报警按钮安装时只需拔下报警按钮，从底壳的进线孔中穿入电缆，将手动火灾报警按钮的 Z1、Z2 端子直接接入控制器总线上，再插好报警按钮即可安装好报警按钮，安装孔距为 60mm。报警按钮安装采用进线管明装和进线管暗装两种方式，如图 3-5 所示。

图 3-4　手动火灾报警按钮外接端子示意图

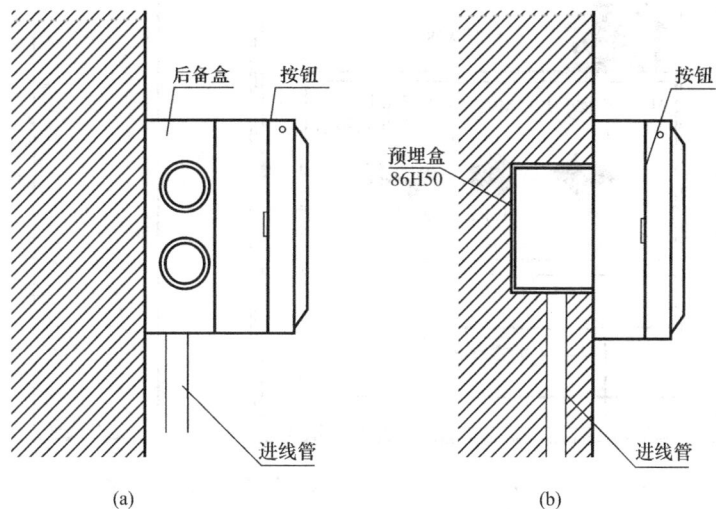

图 3-5　J-SAM-GST9121 型报警按钮安装示意图

（a）进线管明装方式；（b）进线管暗装方式

2. J-SAM-GST9122 型手动火灾报警按钮

J-SAM-GST9122 手动火灾报警按钮安装在公共场所，本报警按钮含电话插孔。当人工确认发生火灾后，按下报警按钮上的按片，即可向控制器发出报警信号，控制器接收到报警信号后，将显示出报警按钮的编码信息并发出报警声响，将消防电话分机插入电话插孔即可与电话主机通信。本手动火灾报警按钮主要具有以下特点：

（1）采用拔插式结构设计，安装简单方便，按钮上的按片在按下后可用专用工具复位。

（2）按下报警按钮按片，可由报警按钮提供独立输出触点，可直接控制其他外部设备。

（3）采用微处理器实现信号处理，用数字信号与控制器进行通信，工作稳定可靠，对电磁干扰有良好的抑制能力。

（4）地址码为电子编码，可现场改写。

主要技术指标：

（1）工作电压：总线 24V。

（2）监视电流≤0.6mA。

（3）报警电流≤1.8mA。

（4）线制：与控制器采用无极性信号二总线连接，与 GST-LD-8304（消防电话接口）采用二线制连接。

（5）额定 DC30V/100mA 无源输出触点信号，接触电阻≤0.1Ω。

（6）使用环境：温度：－10～＋55℃，相对湿度≤95％，不结露。

（7）外壳防护等级：IP43。

（8）外形尺寸：95.4mm×98.4mm×45.5mm（带底壳）。

手动火灾报警按钮外形示意图如图 3-6 所示。

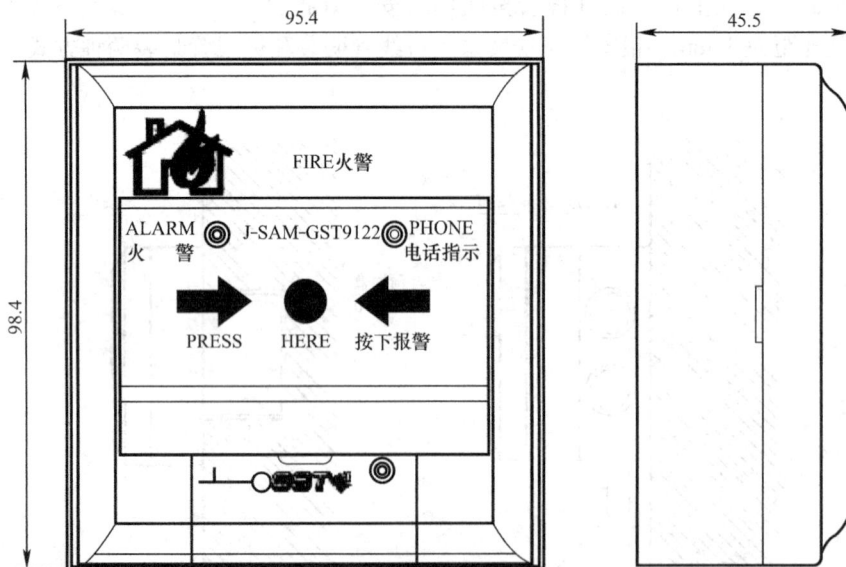

图 3-6　J-SAM-GST9122 型手动火灾报警按钮外形示意图

手动火灾报警按钮的外接端子示意图如图 3-7 所示。

其中：Z1、Z2：报警控制器来的信号总线，无极性。K1、K2：额定 DC30V/100mA

无源输出端子，当报警按钮按下时，输出触点闭合信号，可直接控制外部设备。TL1、TL2：与 GST-LD-8304 连接的端子。

图 3-7　J-SAM-GST9122 型手动火灾报警按钮的外接端子示意图

布线要求：信号 Z1、Z2 采用阻燃 RVS 双绞线，截面积大于等于 1.0mm^2；消防电话线 TL1、TL2 采用阻燃 RVVP 屏蔽线，截面积大于等于 1.0mm^2。

作为手动火灾报警按钮使用时，将报警按钮的 Z1、Z2 端子直接接入火灾报警控制器总线上即可。作为手动火灾报警按钮及消防电话插孔使用时，将报警按钮的 Z1、Z2 端子直接接入火灾报警控制器总线上，同时将报警按钮的 TL1、TL2 端子与 GST-LD-8304 消防电话模块连接，具体如图 3-8 所示（最末端报警按钮的 TL1、TL2 接线端子接 $4.7\text{k}\Omega$ 终端电阻）。

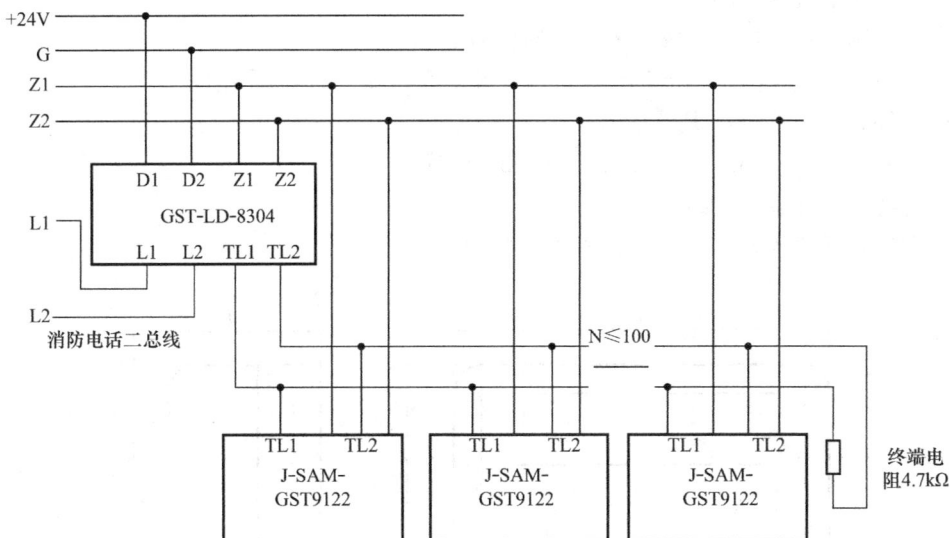

图 3-8　J-SAM-GST9122 型手动火灾报警按钮接线示意图

3.2.3　手动报警按钮的设置

每个防火分区应至少设置一只手动火灾报警按钮。从一个防火分区内的任何位置到最邻近的手动火灾报警按钮的步行距离不应大于 30m。手动火灾报警按钮宜设置在疏散通道或出入口处。列车上设置的手动火灾报警按钮，应设置在每节车厢的出入口和中间部位。

手动火灾报警按钮应设置在明显和便于操作的部位。当采用壁挂方式安装时，其底边距地高度宜为 1.3～1.5m，且应有明显的标志。

3.3　火灾警报装置

火灾警报装置是在火灾自动报警系统中，用以发出区别于环境声、光的火灾警报信号的装置。它以声、光等方式向报警区域发出火灾警报信号，以警示人们迅速采取安全疏散、灭火救灾措施。

火灾警报器按用途分为：火灾声警报器、火灾光警报器、火灾声光警报器；按使用场所分为室内型和室外型。

3.3.1 几种常用的报警器

1. GST-MD-M9514 型火灾光警报器

GST-MD-M9514 火灾光警报器用于显示室内火灾探测器报警情况。一般安装在巡视观察方便的地方，如会议室、餐厅、房间等门口上方，当房间内探测器报警时，警报器上的指示灯根据警报器设置的设备类型可以自动闪亮，也可以通过控制器联动启动闪亮，使工作人员在不进入室内的情况下就可知道室内的探测器已触发报警。GST-MD-M9514 火灾光警报器为编码型警报器，可直接接入火灾报警控制器的信号二总线。

主要技术指标：

(1) 工作电压：总线 24V。

(2) 监视电流≤0.6mA。

(3) 动作电流≤5mA。

(4) 线制：直接接入火灾报警控制器信号二总线。

(5) 使用环境：温度：-10～+50℃，相对湿度≤95%，不结露。

(6) 外壳防护等级：IP30。

(7) 外形尺寸：86mm×86mm×43mm（带底壳）。

结构特征、安装与布线：

火灾光警报器的外形结构示意图如图 3-9 所示。

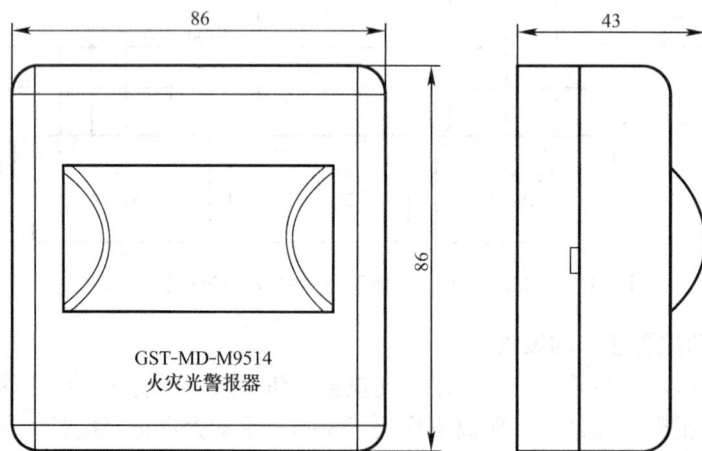

图 3-9　GST-MD-M9514 型火灾光警报器外形结构示意图

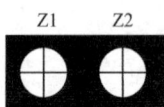

图 3-10　火灾光警报器对外端子示意图

火灾光警报器采用明装，进线管预埋安装，将底盒安装在 86H50 型预埋盒上，安装方法与 GST-LD-8319 型输入模块相同。

火灾光警报器正中处有一红色高亮度发光区，当对应的探测器触发时，该区红灯闪亮。火灾光警报器的对外端子示意图如图 3-10。

其中：Z1、Z2 为与对应探测器信号二总线的接线端子。

布线要求：Z1、Z2 信号总线采用截面积大于等于 1.0mm² 的阻燃 RVS 型双绞线。

2. HX-100B 型火灾声光警报器

火灾声光警报器是一种安装在现场的声光报警设备，当现场发生火灾并确认后，安装在现场的火灾声光警报器可由消防控制中心的火灾报警控制器启动，发出强烈的声光报警信号，以达到提醒现场人员注意的目的。

HX-100B 型火灾声光警报器为编码型警报器，可直接接入火灾报警控制器的信号二总线（需由电源系统提供二根 DC24V 电源线）。

主要技术指标

（1）工作电压：信号总线电压：24V，允许范围：16～28V。

　　　　　　　　电源总线电压：DC24V 允许范围：DC20～DC28V。

（2）工作电流：总线监视电流≤0.8mA，总线启动电流≤6.0mA。

　　　　　　　　电源监视电流≤10mA，电源动作电流≤90mA。

（3）线制：四线制，与控制器采用无极性信号二总线连接，与电源线采用无极性二线制连接

（4）声压级≥85dB［正前方 3m 水平处（A 计权）］。

（5）闪光频率：0.8～1.0Hz。

（6）变调周期：4（1±20%）s。

（7）声调：火警声。

（8）使用环境：温度：−10～＋50℃，相对湿度≤95%，不结露。

（9）外壳防护等级：IP43。

（10）外形尺寸：90mm×144mm×60.5mm（带底壳）。

结构特征、安装与布线：

火灾声光警报器外形示意图如图 3-11。

火灾声光警报器采用壁挂式安装，在普通高度空间下，以距顶棚 0.2m 处为宜。火灾声光警报器接线端子示意图如图 3-12。

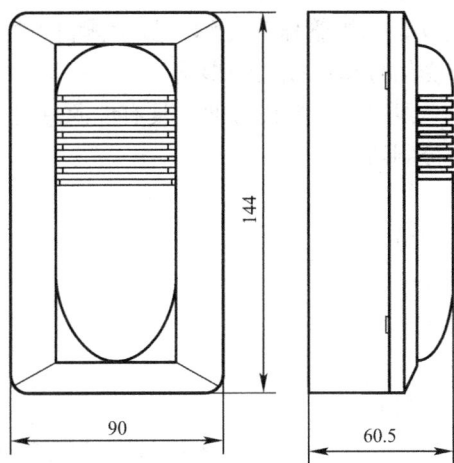

图 3-11　HX-100B 型火灾声光警报器外形示意图　　图 3-12　HX-100B 型火灾声光警报器接线端子示意图

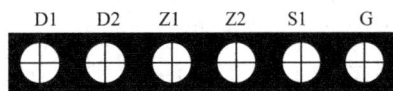

其中：Z1、Z2：与火灾报警控制器信号二总线连接的端子，对于 HX-100A 型火灾声光警报器，此端子无效；D1、D2：与 DC24V 电源线连接的端子，无极性；S1、G：外控输入端子可以利用手动火灾报警按钮的无源常开触点直接控制编码型的火灾声光警报器启动，系统接线示意图如图 3-13。

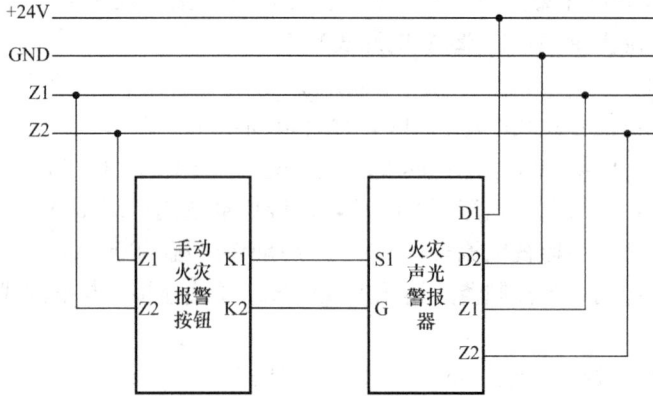

图 3-13　HX-100A 型火灾声光警报器系统接线示意图

布线要求：信号二总线 Z1、Z2 采用阻燃 RVS 型双绞线，截面积大于等于 1.0mm^2；电源线 D1、D2 采用阻燃 BV 线，截面积大于等于 1.5mm^2；S1、G 采用阻燃 RV 线，截面积大于等于 0.5mm^2。HX-100B/T 火灾声光警报器信号总线和电源线与警报器底壳端子连接处应做密封处理（无裸露铜线）。

3. GST-HX-M8501/2 型火灾声/声光警报器

GST-HX-M8501/2 型火灾声/声光警报器是一种安装在现场的编码型声或声光报警设备，可由消防控制中心的火灾报警控制器启动，也可通过安装在现场的气体灭火控制盘直接启动。启动后警报器发出强烈的声或声光警号，以达到提醒现场人员注意的目的。

GST-HX-M8501/2 型警报器具有两种报警模式（模式Ⅰ、模式Ⅱ），可用于区分预警状态和火警状态。光显示采用多只超高亮红色发光二极管作为光源，显示醒目、寿命长、功耗低。可通过短路外控端子启动警报器，不受信号总线掉电的影响。

与信号总线及电源总线分别采用无极性二总线连接，接线方便；具有电源总线掉电检测功能，若电源总线掉电，可将故障信息传到控制器。

主要技术指标：

（1）工作电压：总线电压：总线 24V，电源电压：DC24V。

（2）监视电流：总线电流≤1mA，电源电流≤3mA。

（3）动作电流：总线电流≤5mA，电源电流≤50mA。

（4）模式Ⅰ（用于预警状态）：

声压级：75~85dB［正前方 3m 水平处（A 计权）］。

变调周期：$1.4\times(1\pm20\%)$ s 闪光频率：$0.7\times(1\pm20\%)$ Hz（只针对声光警报器）。

（5）模式Ⅱ（用于火警状态）：

声压级：85~115dB［正前方 3m 水平处（A 计权）］。

变调周期：$0.7\times(1\pm20\%)$ s 闪光频率：$1.4\times(1\pm20\%)$ Hz（只针对声光警

报器）。

（6）声调：嘀嘀声。

（7）线制：

四线制，与控制器采用无极性信号二总线连接，与电源线采用无极性二线制连接。

（8）使用环境：温度：−10～+50℃，相对湿度≤95%，不结露。

（9）外壳防护等级：IP33。

（10）外形尺寸：直径：110mm，高：95.9mm（带底壳）。

结构特征、安装与布线：

GST-HX-M8501/2 型警报器外形示意图如图 3-14。

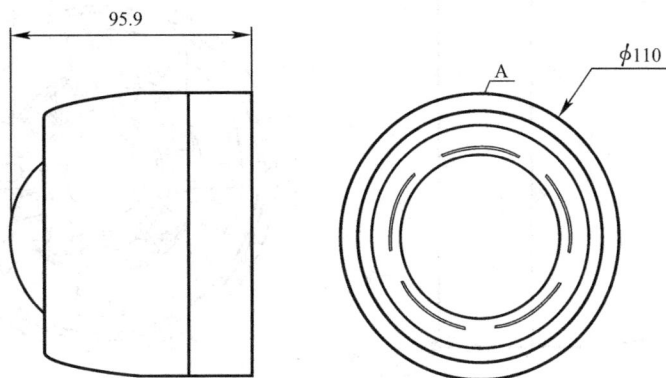

图 3-14　GST-HX-M8501/2 型警报器外形示意图

注：单位为毫米。

安装方法：

（1）将电缆从底壳的进线孔中穿入接在相应的端子上。

（2）警报器采用线管预埋方式，可将底壳安装在 86H50 型预埋盒上，安装孔距及安装方向见图 3-16，安装方式如图 3-15 所示。在普通高度空间下，以距顶棚 0.2m 处为宜。

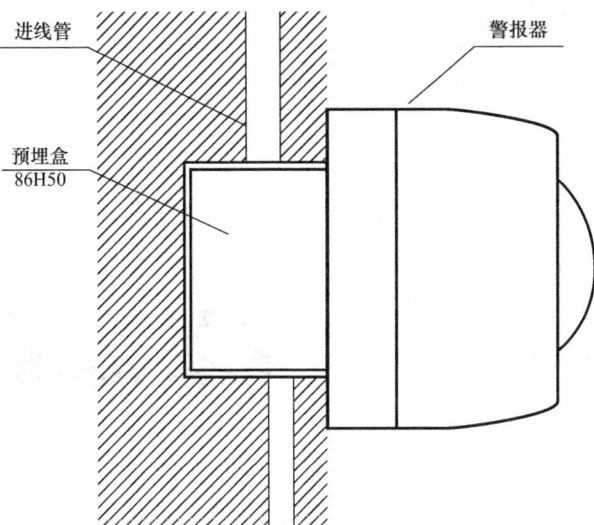

图 3-15　GST-HX-M8501/2 型警报器安装方式示意图

（3）底壳与警报器之间采用旋接式结构安装，定位卡口使警报器具有唯一的安装位置。安装时将警报器扣到底壳上后，将图 3-14 所示的定位凸棱 A 顺时针旋至底壳的定位凹槽 B 处（图 3-16）即可。

（4）若警报器有防拆要求时，将警报器上盖的拱形敲落孔（如图 3-16 中所示）敲落，用 ST2.9×6.5 的自攻螺钉将其固定（此时，必须用专用工具才能拆开）。

（5）警报器底壳示意图如图 3-16 所示。

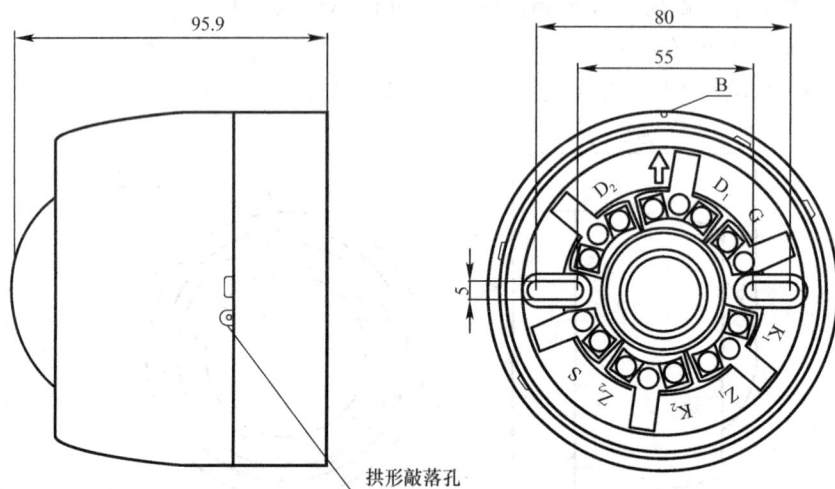

图 3-16　GST-HX-M8501/2 型警报器底壳示意图

注：单位 mm

当警报器进线管需要明装时需配用厚度为 40mm 的厚底座，此时应将底壳侧面的敲落孔敲掉后与进线管相接，警报器进线管明装安装方式示意图如图 3-17 所示。

警报器接线端子示意图如图 3-18 所示。

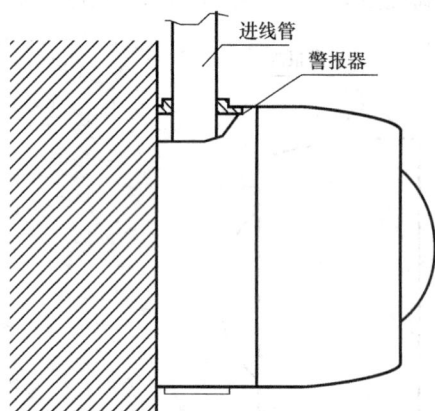

图 3-17　GST-HX-M8501/2 型警报器进线管
明装安装方式示意图

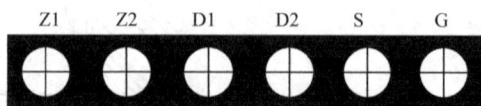

图 3-18　GST-HX-M8501/2 型警报器
接线端子示意图

其中：Z1、Z2：控制器信号总线，无极性；D1、D2：接 DC24V 电源，无极性；S、G：外控无源输入。

布线要求：信号总线 Z1、Z2 采用阻燃 RVS 双绞线，截面积大于等于 $1.0mm^2$；电源线 D1、D2 采用阻燃 BV 线，截面积大于等于 $1.5mm^2$；外控线 S、G 采用阻燃 RV 线，截面积大于等于 $0.5mm^2$。

3.3.2 火灾警报器的设置

（1）火灾光警报器应设置在每个楼层的楼梯口、消防电梯前室、建筑内部拐角等处的明显部位，考虑光警报器不能影响疏散设施的有效性，故不宜与安全出口指示标志灯具设置在同一面墙上。

（2）考虑便于在各个报警区域内都能听到警报信号声，每个报警区域内应均匀设置火灾警报器，其声压组不应小于 60dB；在环境噪声大于 60dB 的场所，其声压级应高于背景噪声 15dB。

（3）当火灾警报器采用壁挂方式安装时，其底边距地面高度大于 2.2m。

3.4 模块、短路隔离器

各种模块是消防控制联动系统中不可缺少的电子元器件。如火灾报警器、手动报警按钮、消防泵的启动、空调机的启停、电梯的迫降、供电的停止等各种信号通往消防控制器和由消防控制器发往各监测器件的桥梁。

模块是由集成电路、分立元件或微型继电器组成的电路，是能完成某种功能的整体电路装置。模块不仅具有中继器的作用，而且整体体强、体积小，工作稳定可靠，具有较强的抗干扰能力。它可以接收信号、放大信号，具有扩张功能和带负载的能力。

一般中继器或模块的输入端都来自消防控制器送出的二总线，输出端接火灾探测器或手动报警按钮等被控对象。中继器或模块可以扩展二总线的带负载能力，并可起到对所控元件的隔离、保护作用。根据实际需要，应用时可选择不同功能、不同性能的模块。

3.4.1 编址输入模块

输入模块可将各种消防输入设备的开关信号（报警信号或动作信号）接入探测总线，实现信号向火灾报警控制器的传输，从而实现报警或控制的目的。

输入模块适用于水流指示器、报警阀、压力开关、非编址手动火灾报警按钮、普通型感烟、感温火灾探测器等。

1. GST-LD-8319 型输入模块

（1）特点

GST-LD-8319 输入模块是一种编码模块，用于连接非编码探测器，只占用一个编码点，当接入模块输出回路的任何一只现场设备报警后，模块都会将报警信息传给火灾报警控制器，火灾报警控制器产生报警信号并显示出模块的地址编号。本模块可配接海湾公司生产的非编码点型光电感烟火灾探测器、非编码点型差定温火灾探测器、非编码点型复合式感烟感温火灾探测器等。模块输出回路最多可连接 15 只非编码现场设备，多种探测器可以混用。GST-LD-8319 输入模块主要具有以下特点：

1）模块具有输出回路短路、断路故障检测功能；

2）模块具有对探测器被摘掉后的故障检测功能；

3）模块的地址码为电子编码，可现场改写。

（2）主要技术指标

1）工作电压：总线电压：总线 24V，电源电压：DC24V。

2）监视电流：总线电流≤0.5mA，电源电流≤10mA。

3）报警电流：总线电流≤5mA，电源电流≤60mA。

4）线制：与控制器采用无极性信号二总线连接，与电源线采用无极性二线制连接，与非编码探测器采用有极性二线制连接。

5）使用环境：温度：−10～+55℃，相对湿度≤95%，不结露。

6）外壳防护等级：IP30。

7）外形尺寸：86mm×86mm×43mm（带底壳）。

（3）结构特征、安装与布线

本输入模块的外形尺寸及结构示意图如图 3-19 所示。

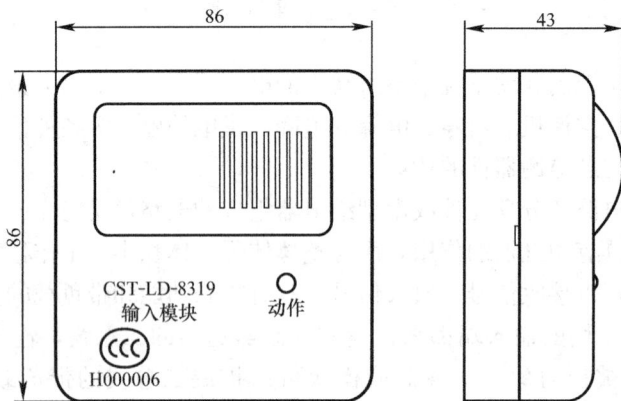

图 3-19　GST-LD-8319 输入模块的外形尺寸及结构示意图

本输入模块采用明装，进线管预埋及明装安装方式，将底盒安装在预埋盒上，安装方法如图 3-20，底盒与上盖间采用拔插式结构安装，拆卸简单方便，便于调试维修。

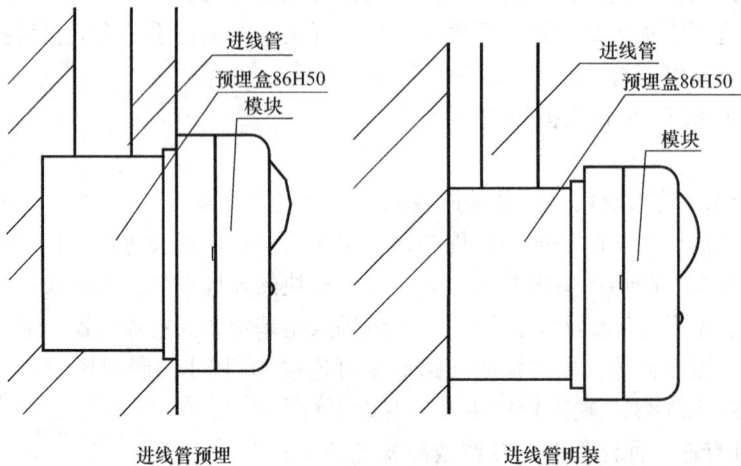

进线管预埋　　　　　　　　　　进线管明装

图 3-20　GST-LD-8319 输入模块安装方式示意图

底壳安装时应注意方向，底壳上标有安装向上标志（见图 3-21）。

对外接线端子图如图 3-22。

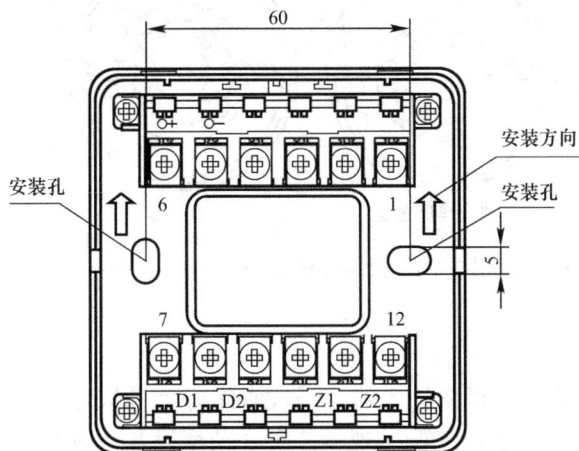

图 3-21　GST-LD-8319 输入模块底壳示意图

图 3-22　GST-LD-8319 输入模块接线端子图

图中端子说明如下：

Z1、Z2：接控制器二总线，无极性。

D1、D2：接直流 24V，无极性。

O—、O＋：输出，有极性

GST-LD-8319 输入模块与非编码探测器串联连接时，探测器的底座上应接二极管 1N5819，且输出回路终端必须接 GST-LD-8320 或 GST-LD-8320A 终端器，终端器可当探测器底座使用，即在此终端器上可安装非编码探测器，其系统构成图如图 3-23。

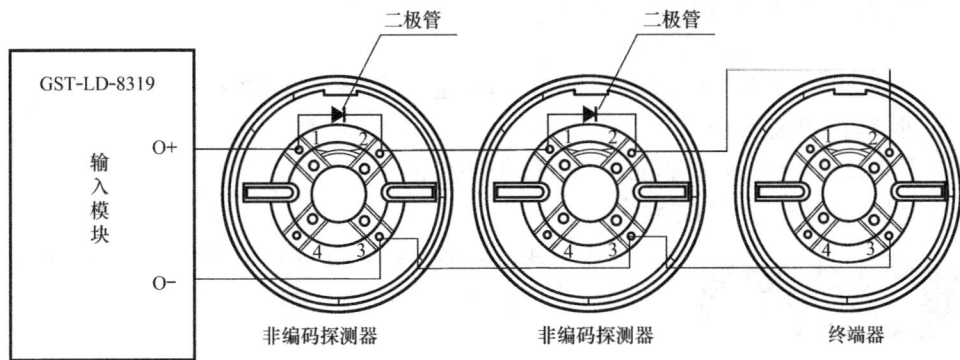

图 3-23　GST-LD-8319 输入模块与非编码探测器连接系统构成图（1）

当终端器不作为探测器底座使用时，应加装上盖，系统构成图如图 3-24。

布线要求：Z1、Z2 可选用截面积大于等于 1.0mm^2 的阻燃 RVS 双绞线；其他线可采用截面积大于等于 1.0mm^2 的阻燃 RV 或 BVR 线；O—、O＋ 的输出回路线要有明显的颜色区分，且颜色的选配要具有合理性。布线应与动力电缆、高低压配电电缆等不同电压等级的电缆分开布置，不能布设在同一穿线管或线槽内。

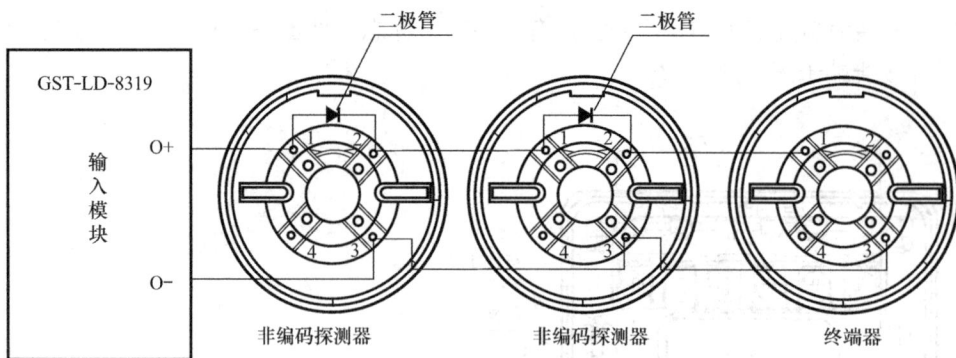

图 3-24　GST-LD-8319 输入模块与非编码探测器连接系统构成图（2）

2. GST-LD-8300 型输入模块

（1）特点

GST-LD-8300 型输入模块用于接收消防联动设备输入的常开或常闭开关量信号，并将联动信息传回火灾报警控制器（联动型）。主要用于配接现场各种主动型设备，如水流指示器、压力开关、位置开关、信号阀及能够送回开关信号的外部联动设备等。这些设备动作后，输出的动作信号可由模块通过信号二总线送入火灾报警控制器，产生报警，并可通过火灾报警控制器来联动其他相关设备动作。输入端具有检线功能，可现场设为常闭检线、常开检线输入，应与无源触点连接。

本模块可采用电子编码器完成编码设置。当模块本身出现故障时，控制器将产生报警并可将故障模块的相关信息显示出来。

（2）主要技术指标

1）工作电压：总线 24V。

2）工作电流≤1mA。

3）线制：与控制器的信号二总线连接。

4）出厂设置：常开检线方式。

5）使用环境：温度：－10～＋55℃，相对湿度≤95％，不结露。

6）外壳防护等级：IP30。

7）外形尺寸：86mm×86mm×43mm（带底壳）。

（3）结构特征、安装与布线

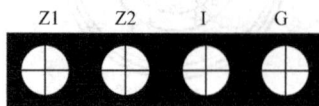

图 3-25　GST-LD-8300 型输入模块对外端子示意图

本模块的外形及结构与 GST-LD-8319 输入模块相同，安装方法也相同，其对外端子示意如图 3-25。

其中：

Z1、Z2：与控制器信号二总线连接的端子

I、G：与设备的无源常开触点（设备动作闭合报警型）连接；也可通过电子编码器设置为常闭输入。

布线要求：信号总线 Z1、Z2 采用阻燃 RVS 型双绞线，截面积大于等于 $1.0mm^2$；I、G 采用阻燃 RV 软线，截面积大于等于 $1.0mm^2$。

（4）应用方法

模块输入端如果设置为"常闭检线"状态输入，模块输入线末端（远离模块端）必须

串联一个 4.7kΩ 的终端电阻；模块输入端如果设置为"常开检线"状态输入，模块输入线末端（远离模块端）必须并联一个 4.7kΩ 的终端电阻。

GST-LD-8300 输入模块与现场设备的接线：

1）模块与具有常开无源触点的现场设备连接方法如图 3-26（a）所示。模块输入设定参数设为常开检线。

2）模块与具有常闭无源触点的现场设备连接方法如图 3-26（b）所示，模块输入设定参数设为常闭检线。

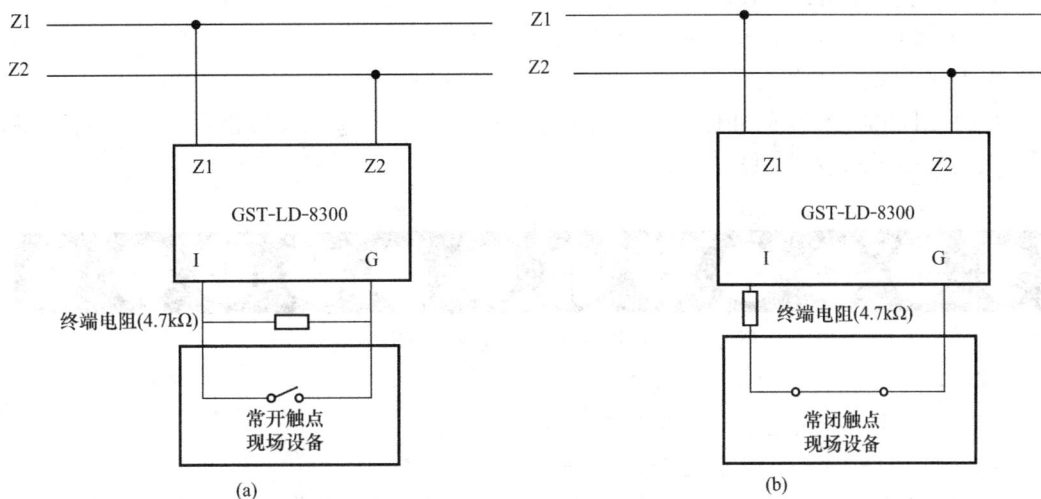

图 3-26　GST-LD-8300 输入模块与现场设备的接线示意图

3.4.2　编址输入/输出模块

输入输出模块能将报警器发出的动作指令通过继电器触点来控制现场设备以完成规定的动作；同时将动作完成信息反馈给报警器。它是联动控制柜与被控设备之间的桥梁，适用于排烟阀、送风阀、风机、喷淋泵、消防广播、警铃（笛）等。

GST-LD-8301 模块

1. 特点

此模块用于现场各种一次动作并有动作信号输出的被动型设备，如：排烟阀、送风阀、防火阀等接入到控制总线上。

本模块采用电子编码器进行编码，模块内有一对常开、常闭触点。模块具有直流 24V 电压输出，用于与继电器触点接成有源输出，满足现场的不同需求。另外模块还设有开关信号输入端，用来和现场设备的开关触点连接，以便对现场设备是否动作进行确认。本模块具有输入、输出检线功能。应当注意的是，不应将模块触点直接接入交流控制回路，以防强交流干扰信号损坏模块或控制设备。

2. 主要技术指标

（1）工作电压：总线电压：总线 24V，电源电压：DC24V。

（2）监视电流：总线电流≤1mA，电源电流≤5mA。

（3）动作电流：总线电流≤3mA，电源电流≤20mA。

（4）线制：与控制器采用无极性信号二总线连接，与 DC24V 电源采用无极性电源二总线连接。

（5）无源输出触点容量：DC24V/2A，正常时触点阻值为100kΩ，启动时闭合，适用于12V～48V直流或交流。

（6）输出控制方式：脉冲、电平（继电器常开触点输出或有源输出，脉冲启动时继电器吸合时间为10s）。

（7）出厂设置：常开检线输入、无源输出方式。

（8）使用环境：温度：－10～＋55℃，相对湿度≤95％，不结露。

（9）外壳防护等级：IP30。

（10）外形尺寸：86mm×86mm×43mm（带底壳）。

3. 结构特征、安装与布线

GST-LD-8301模块的外形尺寸及结构与GST-LD-8319输入模块相同，安装方法也相同，其对外端子示意图如图3-27。

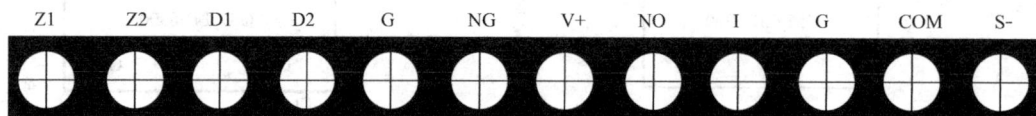

| Z1 | Z2 | D1 | D2 | G | NG | V+ | NO | I | G | COM | S- |

图 3-27　GST-LD-8301模块对外端子示意图

其中：

Z1、Z2：接火灾报警控制器信号二总线，无极性。

D1、D2：DC24V电源输入端子，无极性。

I、G：与被控制设备无源常开触点连接，用于实现设备动作回答确认（也可通过电子编码器设为常闭输入或自回答）。

COM、NO：无源常开输出端子（注意：此端子间有微弱检线电流。）。

NG、S－、V+、G：留用

布线要求：信号总线Z1、Z2采用阻燃RVS型双绞线，截面积大于等于1.0mm²；电源线D1、D2采用阻燃BV线，截面积大于等于1.5mm²；G、NG、V+、NO、COM、S－、I采用阻燃RV线，截面积大于等于1.0mm²。

4. 应用方法

模块输入端如果设置为"常开检线"状态输入，模块输入线末端（远离模块端）必须并联一个4.7kΩ的终端电阻；模块输入端如果设置为"常闭检线"状态输入模块输入线末端（远离模块端）必须串联一个4.7kΩ的终端电阻。

（1）无源输出时，输出检线电压由被控设备提供，模块与控制设备的接线示意图如图3-28。

（2）对于需要模块控制24V输出给被控设备时推荐使用无源输出方式，接线示意图如图3-29。

3.4.3　短路隔离器（又称总线隔离器）

1. 作用

短路隔离器用在传输总线上，对各分支线作短路时的隔离作用。它能自动使短路部分两端呈高阻态或开路状态，使之不损坏控制器，也不影响总线上其他部件的正常工作，当这部分短路故障消除时，能自动恢复这部分回路的正常工作，这种装置叫短路隔离器。

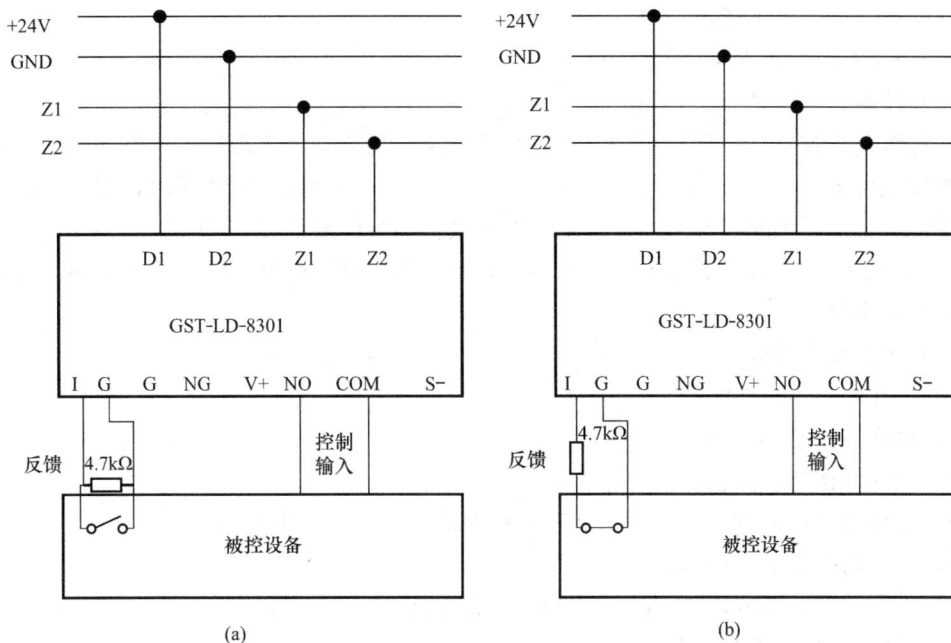

图 3-28　GST-LD-8301 模块与控制设备的接线示意图（一）

（a）无源常开输入；（b）无源常闭输入

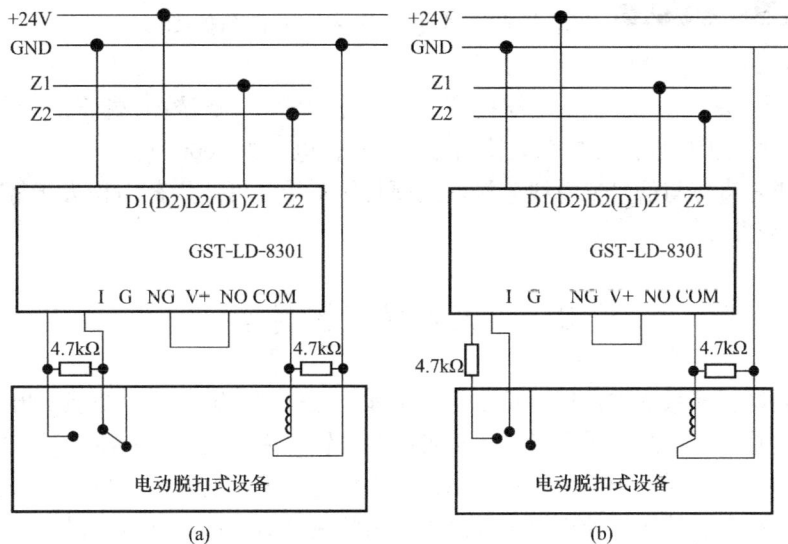

图 3-29　GST-LD-8301 模块与控制设备的接线示意图（二）

（a）无源常开输入；（b）无源常闭输入

2. 适用场所

（1）一条总线的各防火分区；

（2）一条总线的不同楼层；

（3）总线的其他分支处；

（4）下接部件（手动开关、模块）接地址号个数小于等于 30 个；

（5）下接探测器个数小于等于 40 个；

（6）下接中继器不超过一个。

3. GST-LD-8313 型隔离器

（1）特点

在总线制火灾自动报警系统中，往往会出现某一局部总线出现故障（例如短路）造成整个报警系统无法正常工作的情况。隔离器的作用是，当总线发生故障时，将发生故障的总线部分与整个系统隔离开来，以保证系统的其他部分能够正常工作，同时便于确定发生故障的总线部位。当故障部分的总线修复后，隔离器可自行恢复工作，将被隔离出去的部分重新纳入系统。

（2）主要技术指标

1）工作电压：总线 24V。

2）动作电流≤100mA。

3）动作确认灯：黄色。

4）使用环境：温度：$-10\sim+50$℃，相对湿度≤95％，不结露。

5）外壳防护等级：IP30。

6）外形尺寸：86mm×86mm×43mm（带底壳）。

（3）结构特征、安装与布线

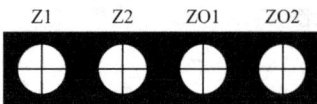

Z1　Z2　ZO1　ZO2

隔离器的外形尺寸及结构与 GST-LD-8319 输入模块相同，安装方法也相同，一般安装在总线的分支处，可直接串联在总线上，其端子示意图如图 3-30。

图 3-30　GST-LD-8313 型隔
离器端子示意图

其中：

Z1、Z2：无极性信号二总线输入端子。

ZO1、ZO2：无极性信号二总线输出端子，动作电流为 100mA。

布线要求：直接与信号二总线连接，无须其他布线。可选用截面积大于等于 1.0mm² 的阻燃 RVS 双绞线。

3.5　火灾报警控制器

在火灾自动报警系统中，用以接收、显示和传递火灾报警信号，并能发出控制信号和具有其他辅助功能的控制指示设备称为火灾报警装置。火灾报警控制器就是其中最基本的一种。火灾报警控制器负担着为火灾探测器提供稳定的工作电源；监视探测器及系统自身的工作状态；接收、转换、处理火灾探测器输出的报警信号；进行声光报警；指示报警的具体部位及时间，同时执行相应辅助控制等诸多任务，它是火灾报警系统中的核心组成部分。

火灾报警控制器的基本功能主要有：主电源、备用电源自动转换；备用电源充电功能；电源故障监测功能；电源工作状态指示功能；为探测器回路供电功能；控制器或系统故障声光报警；火灾声、光报警、火灾报警记忆功能；时钟单元功能；火灾报警优先报故障功能；声报警声响消音及再次声响报警功能。

3.5.1　火灾自动报警控制器分类

火灾自动报警控制器种类繁多，从不同角度有不同分类。

1. 按控制范围分类

（1）区域火灾报警控制器：直接连接火灾探测器，处理各种报警信息。

（2）集中火灾报警控制器：它一般不与火灾探测器相连，而与区域火灾报警控制器相连，处理区域级火灾报警控制器送来的报警信号，常使用在较大型系统中。

（3）通用火灾报警控制器：它兼有区域、集中两级火灾报警控制器的双重特点。通过设置或修改某些参数（可以是硬件或者是软件方面），既可作区域级使用，连接控制器；又可作集中级使用，连接区域火灾报警控制器。

2. 按结构形式分类

（1）壁挂式火灾报警控制器：连接探测器回路相应少一些，控制功能较简单，区域报警器多采用这种形式。

（2）台式火灾报警控制器：连接探测器回路数较多，联动控制较复杂，使用操作方便，集中报警器常采用这种形式。

（3）柜式火灾报警控制器：可实现多回路连接，具有复杂的联动控制，集中报警控制器属此类型。

3. 按内部电路设计分类

（1）普通型火灾报警控制器：其内部电路设计采用逻辑组合形式，具有成本低廉、使用简单等特点，可采用以标准单元的插板组合方式进行功能扩展，其功能较简单。

（2）微机型火灾报警控制器：内部电路设计采用微机结构，对软件及硬件程序均有相应要求，具有功能扩展方便、技术要求复杂、硬件可靠性高等特点，是火灾报警控制器的首选形式。

4. 按系统布线方式分类

（1）多线制火灾报警控制器：其探测器与控制器的连接采用一一对应方式。每个探测器至少有一根线与控制器连接，曾有五线制、四线制、三线制、两线制，连线较多，仅适用于小型火灾自动报警系统。

（2）总线制火灾报警控制器：控制器与探测器采用总线方式连接，所有探测器均并联或串联在总线上，一般总线有二总线、三总线、四总线，连接导线大大减少，给安装、使用及调试带来了较大方便，适于大、中型火灾报警系统。

5. 按信号处理方式分类

（1）有阈值火灾报警控制器：该类探测器处理的探测信号为阶跃开关量信号，对火灾探测器发出的报警信号不能进一步处理，火灾报警取决于探测器。

（2）无阈值模拟量火灾报警控制器：这类探测器处理的探测信号为连续的模拟量信号，其报警主动权掌握在控制器方面，可具有智能结构，是现代化报警的发展方向。

6. 按其防爆性能分类

（1）防爆型火灾报警控制器：有防爆性能，常用于有防爆要求的场所，其性能指标应同时满足《火灾报警控制器》GB 4717—2005 及现行的防爆电气设备的国家标准《爆炸性环境》GB 3836 要求。

（2）非防爆型火灾报警控制器：无防爆性能，民用建筑中使用的绝大多数控制器为非防爆型。

7. 按其容量分类

（1）单路火灾报警控制器：控制器仅处理一个回路的探测器火灾信号，一般仅用在某些特殊的联动控制系统。

（2）多回路火灾报警控制器：能同时处理多个回路的探测器火灾信号，并显示具体的着火部位。

8. 按其使用环境分类

（1）陆用型火灾报警控制器：建筑物内或其附近安装的，系统中通用的火灾报警控制器。

（2）船用火灾报警控制器：用于船舶、海上作业。其技术性能指标相应提高，如工作环境温度、湿度、耐腐蚀、抗颠簸等要求高于陆用性火灾报警控制器。

3.5.2　区域报警控制器

1. 区域报警控制器的作用

区域报警控制器种类日益增多，而且功能不断完善和齐全。区域报警控制器一般都是由火警部位记忆显示单元、自检单元、总火警和故障报警单元、电子钟、电源、充电电源以及与集中报警控制器相配合时需要的巡检单元等组成。区域报警控制器有总线制区域报警器和多线制区域报警器之分。其外形有壁挂式、柜式和台式3种。区域报警控制器可以在一定区域内组成独立的火灾报警系统，也可以与集中报警控制器连接起来，组成大型火灾报警系统，并作为集中报警控制器的一个子系统。总之，能直接接收保护空间的火灾探测器或中继器发来的报警信号的单路或多路火灾报警控制器称为区域报警器。

2. JB-QB-GST100 型火灾报警控制器

JB-QB-GST100 型火灾报警控制器是海湾公司为适应国内外小工程、小点数的需求而推出的新一代火灾报警控制器，特别适合洗浴歌舞中心、餐厅、酒吧、小型图书馆、超市、变电站等小型工程的应用。

JB-QB-GST100 火灾报警控制器主要具有以下特点：

（1）本控制器体积小，极大方便了工程安装，同时外形设计美观，可很好地与安装场所融合为一体；

（2）控制器具有汉字液晶显示，可同时显示两种信息；

（3）引入消防防火分区的概念，最大容量为 8 个独立分区＋1 个公共区；每一独立分区可单独指示报警、监管、故障、屏蔽状态；具有分区注释信息卡片，可手写或打印；指示直观；

（4）系统调试简单，本控制器可自动识别总线设备；具有自动分区功能，也可手动调整分区；

（5）控制器每一分区均具有预警功能，使用预警功能可以有效地减少在恶劣环境下误报警；

（6）具有现场提示功能，每个区域发生火警后，自动联动本区和公共区域的警报器，可分别设置本区和公共区域联动警报器的延时时间，最大延时均为 600s。

主要技术指标：

（1）液晶屏规格：122×32 点。

（2）控制器容量：最大 128 个总线设备，8 个警报器。

（3）线制：控制器与探测器间采用无极性信号二总线连接。

（4）使用环境：温度：0～+40℃，相对湿度≤95%，不结露。

（5）电源：主电源：AC220V$^{+10\%}_{-15\%}$，备用电源：DC24V 2.3Ah 密封铅酸电池。

（6）功耗：监控功耗≤10W，最大功耗≤15W。

（7）辅助电源输出：24V/1A。

（8）控制器外形尺寸：300mm×210mm×91mm。

结构特征、安装与布线：

JB-QB-GST100 火灾报警控制器的外形尺寸示意图如图 3-31。

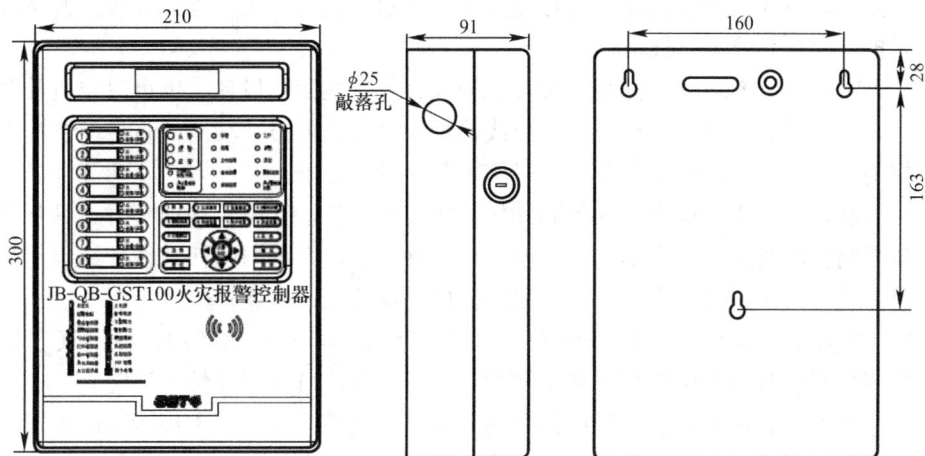

图 3-31　JB-QB-GST100 火灾报警控制器的外形尺寸示意图

本控制器为壁挂式结构设计，可直接明装在墙壁上，其对外接线端子如图 3-32。

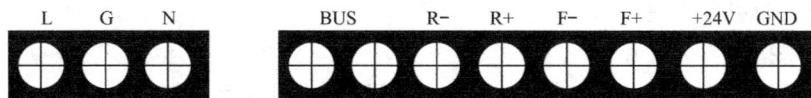

图 3-32　JB-QB-GST100 火灾报警控制器接线端子示意图

其中：

L、PG、N：交流 220V 接线端子及机壳保护接地线端子。

BUS：探测器总线（无极性）。

R+、R−：警铃输出端子，触点容量 DC24V/0.3A。

F+、F−：火警输出端子，触点容量 DC24V/0.3A。

+24V、GND：DC24V/1A 辅助电源输出端子。

注：辅助电源输出、R+、R−警铃输出及 F+、F−火警输出的最大有源输出容量和为 DC24V/1A。

布线要求：

信号二总线采用阻燃 RVS 双绞线，截面积大于等于 1.0mm²，DC24V 输出线采用阻燃 BV 线，截面积大于等于 2.5mm²。

3.5.3　集中报警控制器

1. 集中报警控制器的作用

集中报警控制器能接收区域报警控制器（含相当于区域报警控制器的其他装置）或火

灾探测器发来的报警信号，并能发出某些控制信号使区域报警控制器工作。接线形式根据不同产品有不同线制，如三线制、四线制、两线制、全总线制及二总线制等。

2. JB-QB-GST500 型火灾报警控制器（联动型）

JB-QB-GST500 型火灾报警控制器（联动型）是一种最大容量可扩展到两个 242 编码点回路的控制器，其主要特点如下：

（1）采用大屏幕汉字液晶显示器，各种报警状态信息均可以直观地以汉字方式显示在屏幕上，便于用户操作使用；

（2）控制器设计高度智能化，与智能探测器一起可组成分布智能式火灾报警系统，极大降低误报，提高系统可靠性；

（3）火灾报警及消防联动控制可按多机分体、分总线回路设计，也可以单机共总线回路设计，同时控制器设计了具有短路、断线检测及设备故障报警功能的直接控制输出，专门用于控制风机、水泵等重要设备，可以满足各种设计要求；

（4）控制器可完成自动及手动控制外接消防被控设备，其中手动控制方式具备直接手动操作键控制输出及编码组合键手动控制输出两种方式，系统内的任一地址编码点既可由各种编码探测器占用，也可由各类编码模块占用，设计灵活方便；

（5）控制器具有极强的现场编程能力，各回路设备间的交叉联动、各种汉字信息注释、总线制控制设备与直接控制设备之间的相互联动等均可以现场编程设定；

（6）控制器具有预警功能，使用预警功能可以有效地减少在恶劣环境下的误报警；

（7）控制器可外接火灾报警显示盘及彩色 CRT 显示系统等设备，满足各种系统配置要求；

（8）控制器具有强大的面板控制及操作功能，可以观察探测器动态工作曲线，各种功能设置全面、简单、方便。

主要技术指标：

（1）液晶屏规格：320×240 图形点阵，可显示 12 行汉字信息。

（2）控制器容量：

1）可带两个 242 地址编码点回路，最大容量为 484 个地址编码点。

2）可外接 64 台火灾显示盘；联网时最多可接 32 台其他类型控制器。

3）64 个直接手动操作总线制控制点。

4）最大可配置 10 路直接控制点。

（3）线制：

1）控制器与探测器间采用无极性信号二总线连接，与各类控制模块间除无极性二总线外，还需外加两根 DC24V 电源总线。

2）与其他类型的控制器采用有极性二总线连接，对于火灾报警显示盘，需外加两根 DC24V 电源供电总线。

3）与彩色 CRT 系统采用四芯扁平电话线，通过 RS-232 标准接口连接，最大连接线长度不宜超过 15m。

4）直接控制点与现场设备采用三线连接。

（4）使用环境：温度：0～+40℃，相对湿度≤95%，不结露。

（5）电源：主电源为交流 $220V_{-15\%}^{+10\%}$，内装 DC24V/14Ah 密封铅电池作备用电源。

（6）监控状态功耗≤55W，火警状态最大功耗≤70W。

（7）外形尺寸：500mm×700mm×170mm。

（8）最大接线长度≤1000m。

结构特征、安装与布线：

JB-QB-GST500 型控制器的外形尺寸示意图如图 3-33。

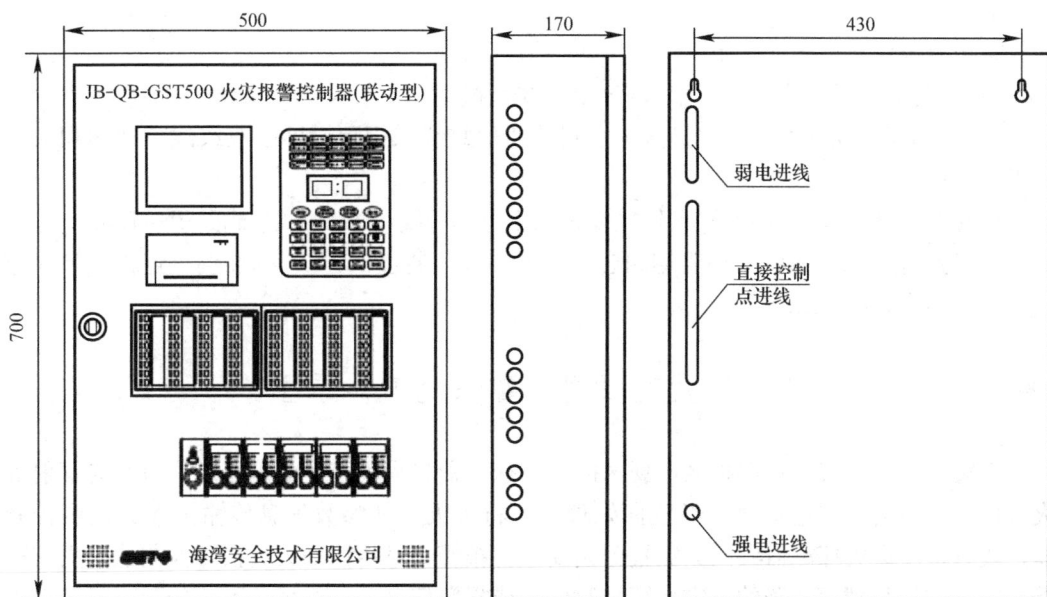

图 3-33　JB-QB-GST500 型控制器的外形尺寸示意图

本控制器为壁挂式结构设计，可直接明装在墙壁上，其对外接线端子示意图如图 3-34。

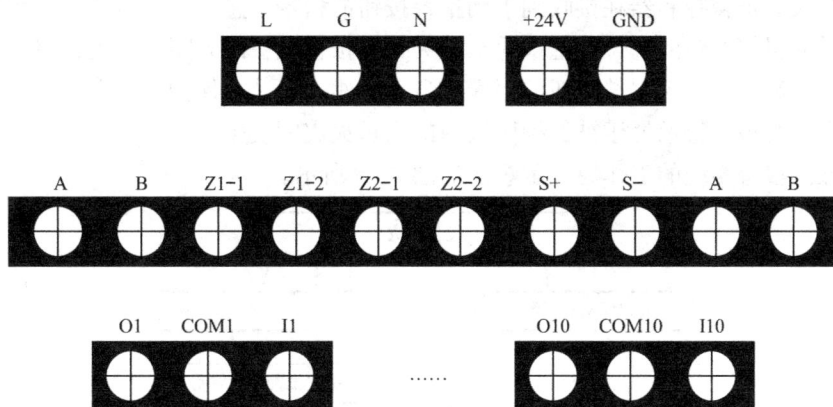

图 3-34　JB-QB-GST500 型控制器接线端子示意图

其中：

L、G、N：AC220V 接线端子及交流接地端子；

A、B：连接火灾显示盘的通信总线端子；

Z1-1、Z1-2、Z2-1、Z2-2：二路无极性信号二总线端子；

S＋、S－：火灾报警输出端子（报警时可配置成 24V 电源输出或无源触点输出）；

A、B：连接其他种类控制器的通信总线端子；

＋24V、GND：辅助电源输出，最大输出容量 DC24V/0.4A；

O、COM：组成直接控制输出端，O 为输出端正极，COM 为输出端负极，启动后 O 与 COM 之间输出 DC24V；为实现检线功能，O 与 COM 之间接 ZD-01 终端器；

I、COM：组成反馈输入端，接无源触点；为实现检线功能，I 与 COM 之间接 4.7kΩ 终端电阻。

布线要求：

1）控制器信号总线采用阻燃 RVS 双绞线，截面积大于等于 $1.0mm^2$。

2）控制器与控制器及火灾显示盘之间的通信总线采用阻燃屏蔽双绞线，截面积大于等于 $1mm^2$。

3）控制器输出的直接控制点外接线采用阻燃 BV 线，$1.0mm^2 \leqslant$ 截面积 $\leqslant 1.5mm^2$。

4）与彩色 CRT 系统采用阻燃四芯扁平电话线，通过 RS-232 标准接口连接，最大连接线长度不宜超过 15m。

3.6　火灾探测报警系统工作原理

火灾发生时，安装在保护区域现场的火灾探测器将火灾产生的烟雾、热量和光辐射等火灾特征参数转变为电信号，经数据处理后，将火灾特征参数信息传输至火灾报警控制器；或直接由火灾探测器做出火灾报警判断，将报警信息传输到火灾报警控制器。火灾报警控制器在接收到探测器的火灾特征参数信息或报警信息后，经报警确认判断，显示发出火灾报警探测器的部位，记录探测器火灾报警的时间。处于火灾现场的人员，在发现火灾后可立即触动安装在现场的手动火灾报警按钮，手动报警按钮便将报警信息传输到火灾报警控制器，火灾报警控制器在接收到手动报警按钮的报警信息后，经报警确认判断，显示发出火灾手动报警按钮的部位，记录手动火灾报警按钮报警的时间。火灾报警控制器在确认火灾探测器和手动火灾报警按钮的报警信息后，驱动安装在保护区域现场时火灾报警装置，发出火灾警报，警示处于被保护区域内的人员火灾的发生。

火灾探测报警系统的工作原理示意图如图 3-35 所示。

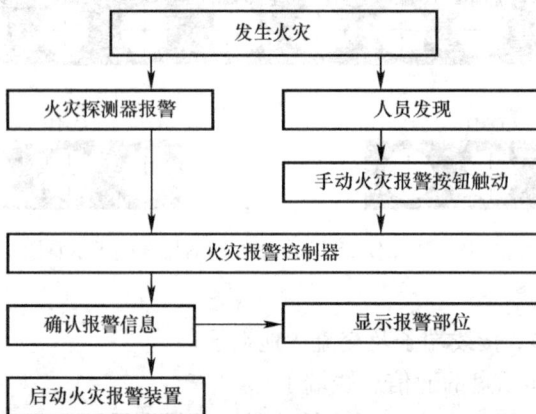

图 3-35　火灾探测报警系统的工作原理示意图

复习思考题

1. 手动报警按钮的设置要求是什么？

2. 火灾自动报警控制器按控制范围分为几类？各自的适用场合是什么？

3. 中继模块、输入模块、输入输出模块和短路隔离器各自的功能是什么？

4. 区域报警器与楼层显示器的区别是什么？

5. 已知某高层建筑规模为 40 层，每层为一个探测区域，每层有 45 只探测器，手动报警按钮 20 个，系统中设有一台集中报警控制器，试问该系统中还应有什么其他设备？为什么？

6. 火灾自动报警系统有哪几种形式？各自适用场合是什么？

7. 报警器的功能是什么？

第4章　消防联动控制系统

消防联动控制系统是火灾自动报警系统中，接收火灾报警控制器发出的火灾报警信号，按预设逻辑完成各项消防功能的控制系统。由消防联动控制器、消防控制室图形显示装置、消防电气控制装置（防火卷帘控制器、气体灭火控制器等）、消防电动装置、消防联动模块、消火栓按钮、消防应急广播设备、消防电话等设备和组件组成。

火灾发生时，火灾报警控制器将火灾探测器和手动报警按钮的报警信息传输至消防联动控制器。对于需要联动控制的自动消防系统（设施），消防联动控制器按照预设的逻辑关系对接收到的报警信息进行识别判断，若逻辑关系满足，消防联动控制器便按照预设的控制时序启动相应消防系统（设施）；消防控制室的消防管理人员也可以通过操作消防联动控制器的手动控制盘直接启动相应的消防系统（设施），从而实现相应消防系统（设施）预设的消防功能。消防系统（设施）动作的反馈信号传输至消防联动控制器的显示。每个联动子系统的具体工作原理会在后面的章节中陆续介绍。

4.1　自动喷水灭火系统

自动喷水灭火系统是一种固定式自动灭火系统，是当今国际上应用最广、用量最多、造价低廉、最为有效的自救灭火设施。自动喷水灭火系统灭火成功率高，特别对扑灭初期火灾有很好的效果。主要应用于人员密集、不宜疏散、外部增援灭火和救生较困难的且性质重要或火灾危险性较大的场所。

自动喷水灭火系统根据所使用的喷头形式可分为闭式自动喷水灭火系统和开式自动喷水灭火系统两类。

根据系统的用途和配置，又可分为湿式自动喷水灭火系统、干式自动喷水灭火系统、雨淋系统、水幕系统、自动喷水与泡沫联用系统等（表4-1）。

自动喷水灭火系统分类　　　　　　　　　　　　　　　　表4-1

自动喷水灭火系统	
闭式系统	开式系统
湿式自动喷水灭火系统	雨淋系统
干式自动喷水灭火系统	水幕系统
预作用自动喷水灭火系统	
自动喷水与泡沫联用系统	

4.1.1　湿式自动喷水灭火系统

自动喷水灭火系统属于固定式灭火系统，是准备工作状态时管网内充满用于启动系统的有水压的闭式系统。它不怕浓烟烈火，随时监视火灾，是最安全可靠的灭火装置，适用于温度不低于4℃（低于4℃受冻）和不高于70℃（高于70℃失控，误动作造成水灾）的场所。

1. 系统的组成

湿式喷水灭火系统是由闭式喷头、湿式报警阀组（报警阀前后的管道内充满压力水）、延迟器、水力警铃、压力开关（安在干管上）、水流指示器、管道系统、供水设施、报警装置及控制盘等组成，其主要部件及其相互关系如图4-1所示。

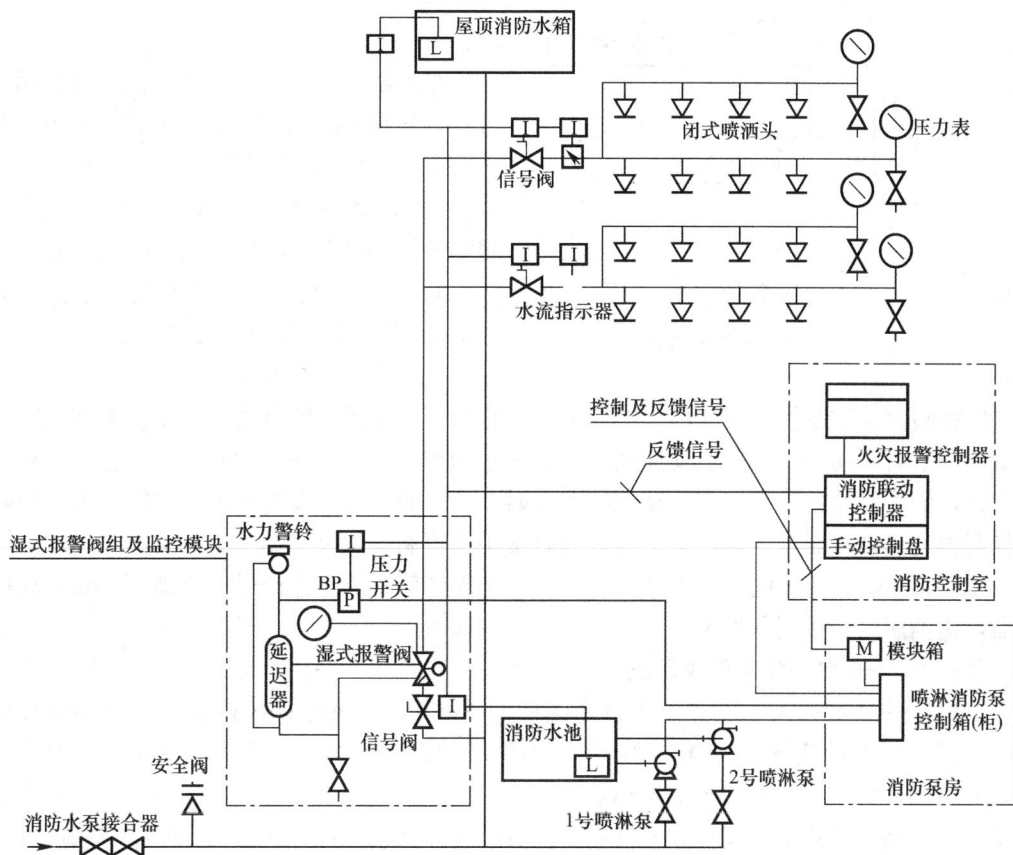

图4-1　湿式自动喷水灭火系统示意图

2. 系统的工作原理

湿式系统在准工作状态时，由消防水箱或稳压泵、气压给水设备等稳压设施维持管道内充水的压力。发生火灾时，在闭式喷头的热敏元件动作，喷头开启开式喷水。此时，管网中的水由静止变为流动，水流指示器动作，其动作信号传至消防联动控制器，由消防联动控制器显示该区域自动喷水系统的动作信息。

喷头持续喷水一段时间，管网泄压造成湿式报警阀上部水压低于下部水压，在压力差的作用下，原来处于关闭状态的湿式报警阀自动开启，此时压力水通过湿式报警阀流向管网，同时打开通向水力警铃的通道，延迟器充满水后，水力警铃发出声响警报，压力开关动作并输出启动信号连锁启动消防泵为管网持续供水；压力开关的动作信号和消防泵的动作反馈信号传至消防联动控制器，由消防联动控制器显示该湿式报警阀和消防泵的动作信息。其工作原理如图4-2所示。

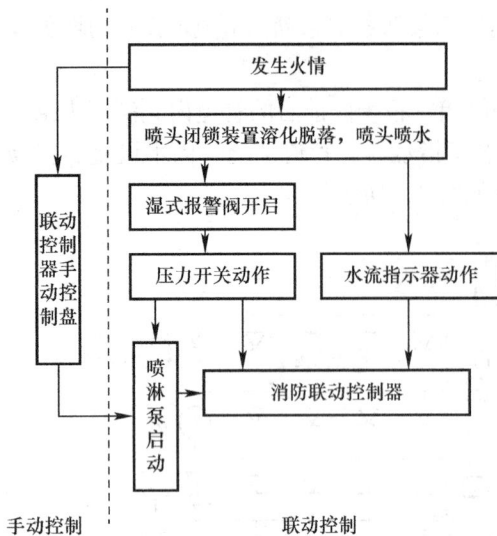

图 4-2　湿式系统工作原理图

3. 联动控制

（1）连锁控制方式

湿式报警阀压力开关的动作信号直接连锁启动消防泵向管网持续供水，这种连锁控制不应受消防联动控制器处于自动或手动状态影响。

（2）联动控制方式

在实际工程应用中，为防止湿式报警阀压力开关至消防泵的启动线路因短路、断路等电气故障而失效，湿式报警阀压力开关的动作信号应同时传至消防联动控制器，与任一火灾探测器或手动报警按钮报警信号的"与"逻辑作为系统的联动触发信号，由消防联动控制器通过总线模块冗余控制消防泵的启动。

（3）手动控制方式

应将喷淋消防泵控制箱（柜）的启动、停止按钮用专用线路直接连接至设置在消防控制室内的消防联动控制器的手动控制盘，直接手动控制喷淋消防泵的启动、停止。如果发生火灾，消防联动控制系统在手动控制方式时，可以通过操作设置在消防控制室内消防联动控制器的手动控制盘，通过引出的硬线直接手动控制消防泵、相关阀组的启动、停止。

水流指示器、信号阀、压力开关、喷淋泵启动和停止的动作信号应反馈至消防联动控制器，由消防联动控制器显示。

4.1.2　干式自动喷水灭火系统

干式自动喷水灭火系统适用于室内温度低于 4℃ 或年供暖期超过 240 天的不供暖房间，或高于 70℃ 的建筑物、构筑物内，如不供暖的地下停车场、冷库等。它是除湿式系统以外使用历史最长的一种闭式自动喷水灭火系统，其系统组成如图 4-3 所示。主要由闭式喷头、管网、干式报警阀、充气设备、报警装置和供水设备等组成。平时报警阀后管网充以有压气体，水源至报警阀的管段内充以有压水。空气压缩机把压缩空气通过单向阀压入干式阀至整管网之中，把水阻止在管网以外（即干式阀以下）。

工作原理：

干式系统在准工作状态时，由消防水箱或稳压泵、气压给水设备等稳压设施维持干式报警阀入口前向管道内充水的压力，报警阀出口后的管道内充满有压气体（通常采用压缩气体），报警阀处于关闭状态。发生火灾时，在温度作用下，闭式喷头的热敏元件动作，闭式喷头开启，使干式阀出口压力降低，加速器动作后促使干式报警阀迅速开启，管道开式排气充水，剩余压缩空气从系统最高处的排气阀和开启的喷头处喷水，此时通向水力警铃和压力开关的通道被打开，水力警铃发出声响警报，压力开关动作并输出启动信号连锁启动消防泵为管网持续供水。管道完成排气充水过程后，开启的喷头开始喷水。从闭式喷头开启至供水泵投入运行前，由消防水箱、气压给水设备或稳压泵等供水设施为系统的配水管道充水。压力开关的动作信号和消防泵的动作反馈信号传至消防联动控制器，由消防联动控制器显示该报警阀和消防泵的动作信息（图 4-4）。

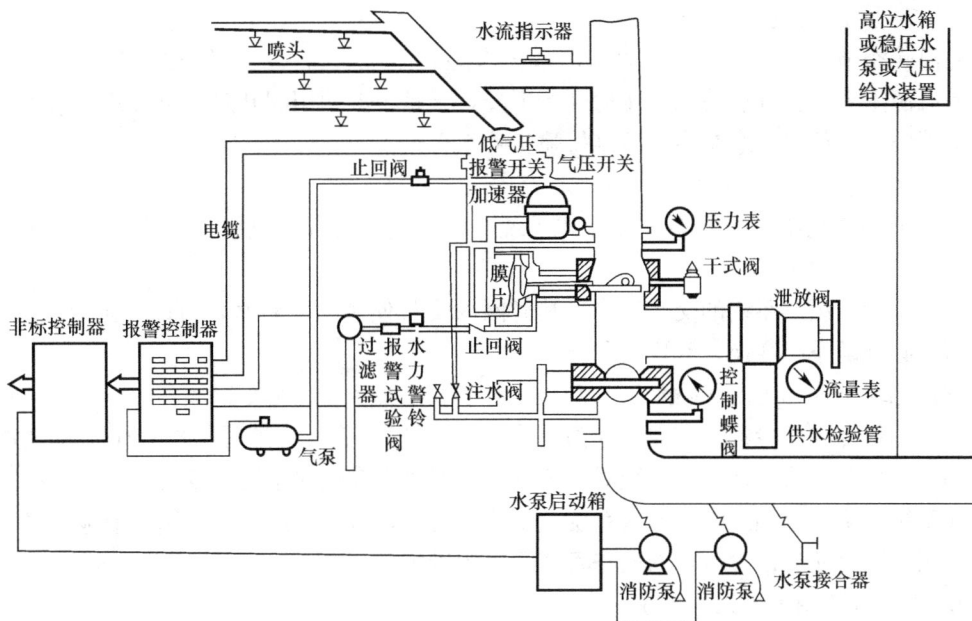

图 4-3　干式喷水灭火系统组成示意图

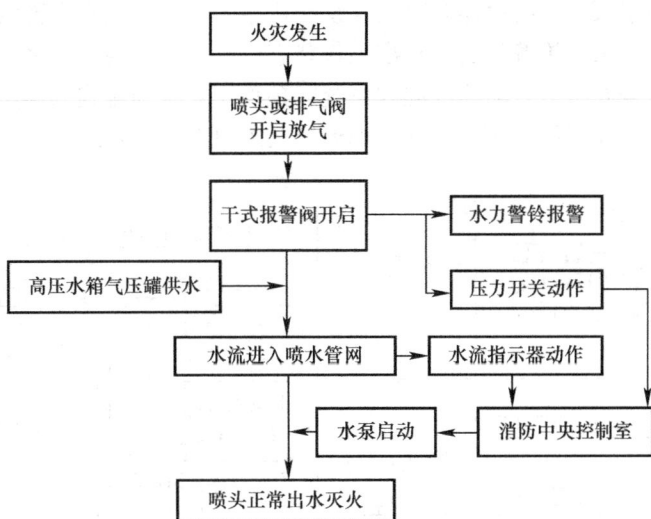

图 4-4　干式自动喷水灭火系统原理框图

干式系统的联动控制设计与湿式系统基本相同，这里不再一一赘述。

4.1.3　干、湿两用喷水灭火系统

1. 系统组成

干湿式自动喷水灭火系统是在干式系统的基础上，为了克服干式系统的不足而产生的一种交替式自动喷水灭火系统。干湿式系统的组成与干式系统大致相同，只是将报警阀改为干湿式两用阀或干式报警阀与湿式报警阀组合阀。

2. 工作原理

（1）冬季工作情况

在冬季，系统管网充以有压气体，系统为干式系统，其原理不再重叙。

（2）夏季工作情况

在温暖季节，管网中充以压力水，系统为湿式系统。当火灾发生时，火源处温度上升，使火源上方喷头开启喷水，压力开始下降，于是干湿两用阀开启，压力开关动作，发出启动消防水泵信号，水泵启动后维持喷头喷水灭火。

3.干湿式系统的特点

（1）干湿式系统可干式系统和湿式系统交替使用，可部分克服干式系统灭火率低的弊端。

（2）因为干湿式系统的交替工作，其管网内交替使用空气和水，所以管道易受腐蚀。系统形式必须随季节变换，管理较复杂。

（3）尾端干式和干湿式喷水灭火系统。对于温度小于4℃或大于70℃的小区域，对于建筑物中的局部小型冷藏室、温度超过70℃的烘干房、蒸气管道等部位，如果建筑物的其他部位采用了湿式自动喷水系统时，这些小区域可以在湿式系统上接设尾端干式系统和干湿式系统，采用小型尾端干湿式系统或干式系统时，可以采用电磁阀代替干湿式报警阀和干式阀，同时还应设置可行的放空管道积水的措施。

4.1.4 预作用喷水灭火系统

1.系统组成

预作用自动喷水灭火系统由闭式喷头、预作用报警阀组、流水报警装置、供水与配水管道、充气设备和供水设施等组成，在准工作状态时配水管道内不充水，由火灾报警系统自动开启预作用报警阀组后，转换为湿式系统。预作用系统与湿式系统、干式系统的不同之处在于系统采用预作用报警阀组，并配套设置火灾自动报警系统（图4-5）。

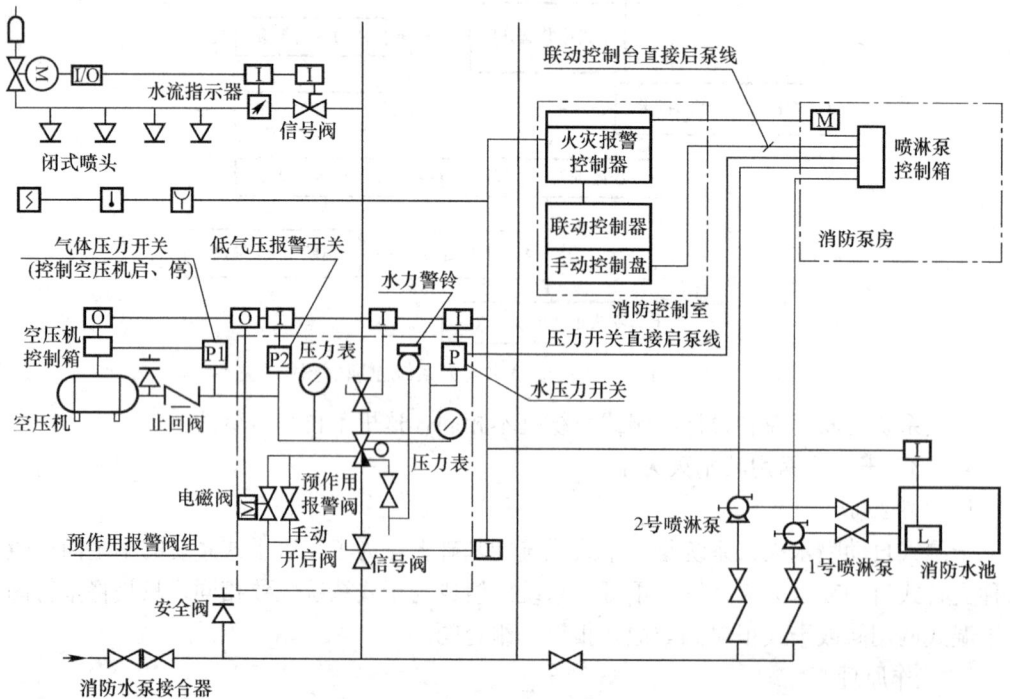

图4-5 预作用自动喷水灭火系统组成示意图

2. 工作原理

系统处于准工作状态时，由稳压设施维持预作用报警阀组入口前管道内充水的压力，预作用报警阀组后的管道内平时无水或充以有压力气体。在火灾的初期阶段，火灾自动报警系统确认火灾报警信号后，联动控制开启预作用系统的电磁阀、开启排气控制阀，预作用阀开启，水力警铃报警，此时预作用系统充水，水流指示器动作。当火灾发展到一定规模，在温度作用下闭式喷头热敏元件动作，喷头开启并开始喷水，压力开关动作，信号传至消防联动控制器，与之前的任一火灾探测器报警信号的"与"逻辑作为消防泵启动的联动触发信号，由消防联动控制器联动控制消防泵的启动，并接收其反馈信号。联动控制方式不应影响压力开关动作信号直接连锁启动消防泵的功能（图 4-6）。

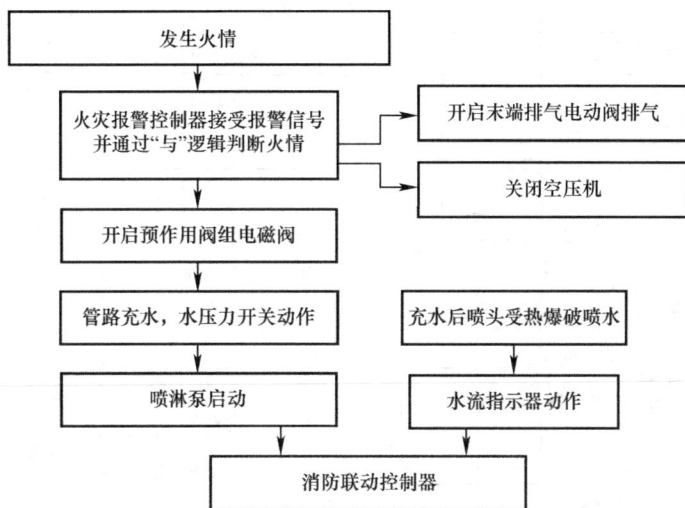

图 4-6　预作用系统原理框图

3. 联动控制

（1）联动控制方式

由同一报警区域内两只及以上独立的感烟火灾探测器或一只感烟火灾探测器与一只手动火灾报警按钮的报警信号，作为预作用阀组开启的联动触发信号。由消防联动控制器控制预作用阀组的开启，使系统转变为湿式系统；当系统设有快速排气装置时，应联动控制排气阀前的电动阀的开启。

（2）手动控制方式

将喷淋消防泵控制箱（柜）的启动和停止按钮、预作用阀组和快速排气阀入口前的电动阀的启动和停止按钮，用专用线路直接连接至设置在消防控制室内的消防联动控制器的手动控制盘，直接手动控制喷淋消防泵的启动、停止及预作用阀组和电动阀的开启。

（3）水流指示器、信号阀、压力开关、喷淋消防泵的启动和停止的动作信号，有压气体管道气压状态信号和快速排气阀入口前电动阀的动作信号应反馈至消防联动控制器。

4.1.5　水幕系统

1. 系统组成

水幕系统由开式洒水喷头或水幕喷头、雨淋报警阀组或感温雨淋阀、供水与配水管道、控制阀及水流报警装置（水流指示器或压力开关）等组成。与前几种系统不同的是，水幕系统不具备直接灭火的能力，是用于挡烟阻火和冷却分隔物的防火系统（图4-7）。

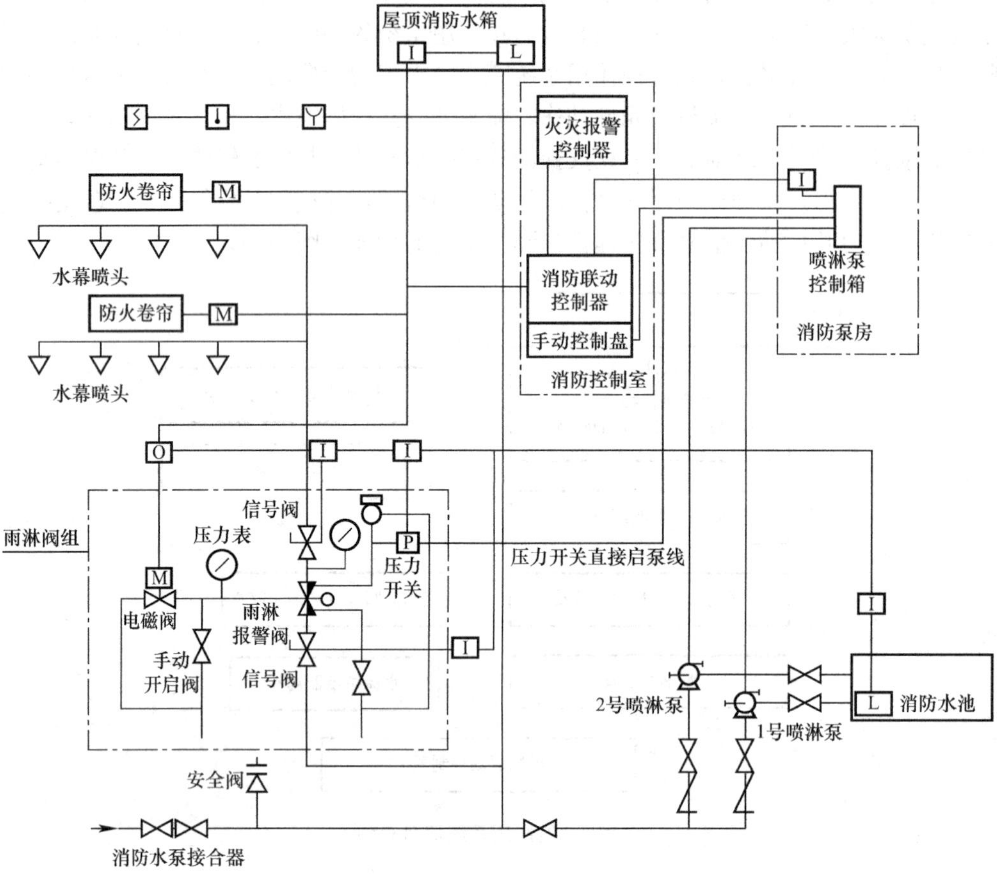

图 4-7 水幕系统组成示意图

水幕系统包括防火分隔水幕和防护冷却水幕两种类型。利用密集喷洒形成的水墙或水帘阻火挡烟，起防火分隔作用的，为防火分隔水幕；利用水的冷却作用，配合防火卷帘等分隔物进行防火分隔的，为防护冷却水幕。

2. 工作原理

系统处于准工作状态时，由消防水箱或稳压泵、气压给水设备等稳压设施维持管道内充水的压力。发生火灾时，由火灾自动报警系统联动开启雨淋报警阀组和供水泵，向系统管网和喷头供水。

卷帘门冷却水幕和防火分隔水幕系统的工作流程分别如图4-8、图4-9所示。

3. 联动控制

（1）联动控制方式

当自动控制的水幕系统用于防火卷帘的保护时，应由防火卷帘下落到楼板面的动作信号与本报警区域内任一火灾探测器或手动火灾报警按钮的报警信号作为水幕阀组启动的联动触发信号，并应由消防联动控制器联动控制水幕系统相关控制阀组的启动；仅用水幕系统作为防火分隔时，应由该报警区域内两只独立的感温火灾探测器的火灾报警信号作为水幕阀组启动的联动触发信号，并应由消防联动控制器联动控制水幕系统相关控制阀组的启动。

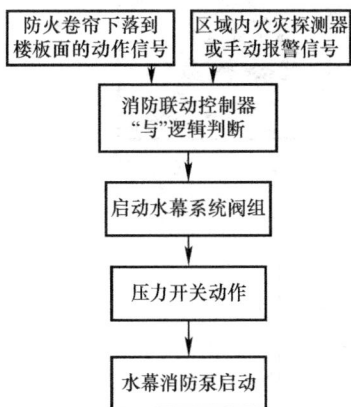

图 4-8　卷帘门冷却水幕系统工作流程图　　　　图 4-9　防火分隔水幕系统工作流程图

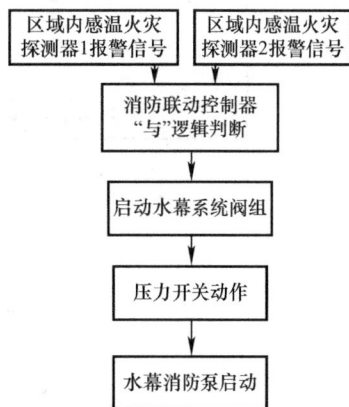

（2）手动控制方式

应将水幕系统相关控制阀组和消防泵控制箱（柜）的启动、停止按钮用专用线路直接连接至设置在消防控制室内的消防联动控制器的手动控制盘，并应直接手动控制消防泵的启动、停止及水幕系统相关控制阀组的开启。

（3）压力开关、水幕系统相关控制阀组和消防泵的启动、停止的动作信号，应反馈至消防联动控制器。

4.2　室内消火栓灭火系统

4.2.1　消火栓灭火系统简介

室内消火栓灭火系统由消防蓄水池、管路及室内消火栓等主要设备组成。采用高压给水系统时，可不设高位消防水箱。当采用临时高压给水系统时，应设高位消防水箱，并应符合下列规定：一类公共建筑不应小于 18m³，二类公共建筑和一类居住建筑不应小于 12m³，二类居住建筑不应小于 6m³。

室内消火栓设备由水带、水枪和消火栓 3 部分组成，其主要设备和系统组成如图 4-10、图 4-11 所示。室内消火栓的水枪喷嘴口径有 13mm、16mm、19mm 3 种，水带直径有 50mm、65mm 两种。其选用配置原则是水枪口径为 13mm、16mm 时，可采用直径为 50mm 的水带；水枪口径为 19mm 时，则应采用直径为 65mm 的水带，而消火栓的选用一般应根据流量来确定。水带长度不应超过 26m，宜选用同一型号规格的消火栓。高位消防水箱的设置高度应保证最不利点消火栓的静水压力。当不能满足最不利点消火栓的静水压力要求时，应增设增压设施。要求建筑物的各层均应设置消火栓，并且要求消火栓装设在出口、过道的明显和易于达到的位置，消火栓的间距应保证同层任何部位有两个消火栓的水枪充实水柱同时到达，最大间距不应超过 50m。消火栓的栓口距地面高度为 1.2m，且消火栓的出口方向宜与设置消火栓的墙面成 90°。

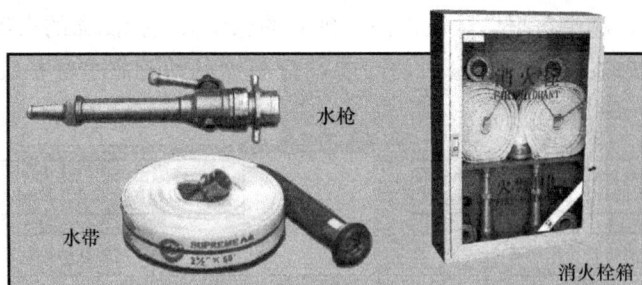

图 4-10　室内消火栓系统主要设备

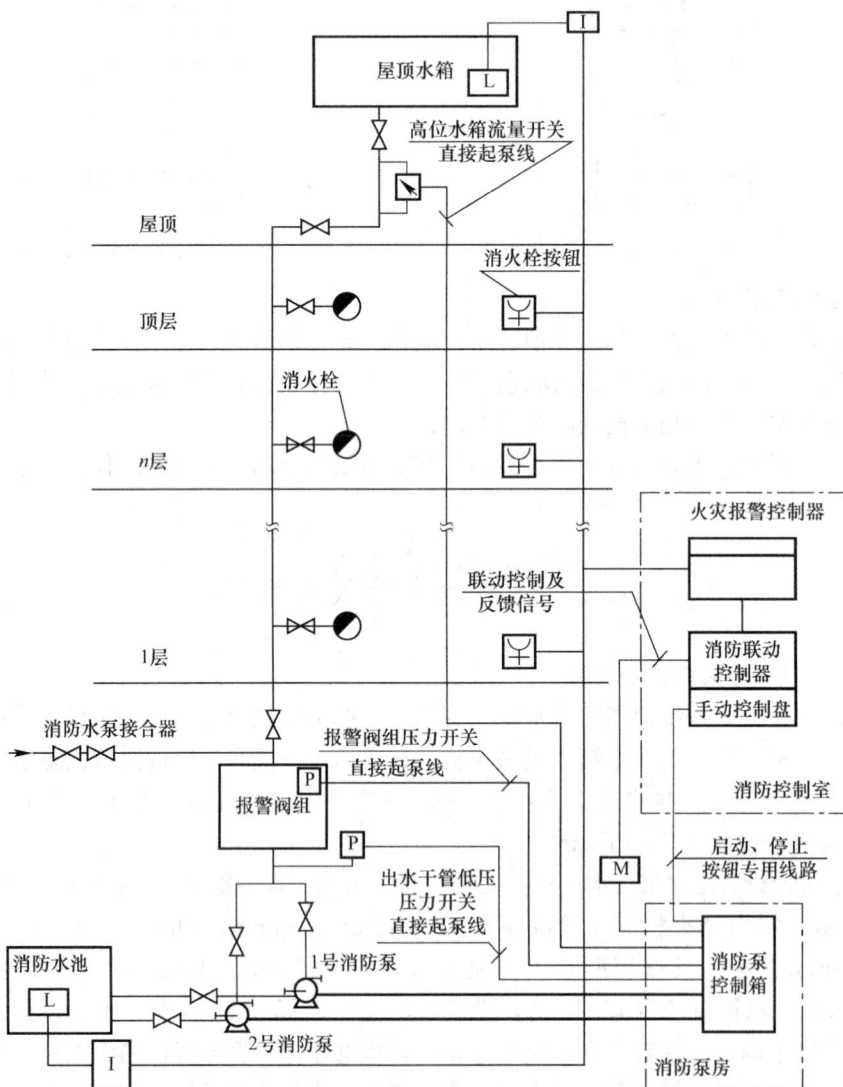

图 4-11　室内消火栓系统组成示意图

4.2.2　消火栓报警按钮

1. 消火栓按钮主要功能

在每个消火栓设备上均设有远距离启动消防泵的按钮——消火栓报警按钮和指示灯,

并在按钮上配有玻璃壳罩。按动方式可分为按下玻璃片型和击碎玻璃片型两种，接触点形式分为常开触点型和常闭触点型两种。一般按下玻璃片型为常开触点型，击碎玻璃片型为常闭触点型。为满足动作报警和直接启动消防泵的要求，必须具备两对触点。在火灾自动报警系统中，手动报警按钮和消火栓报警按钮都属于手动触发装置，但这两者之间还是有一定区别的。手动报警按钮与消防启泵按钮的区别是：

（1）手动报警器是人工报警装置，消火栓报警按钮是启动消防泵的触发装置；虽然两种信号都接到消防控制室，但两者的作用不同；

（2）手动报警按钮按防火分区设置，一般设在出入口附近，而消火栓报警按钮按消火栓的布点设置，两者的设置位置和标准不同；

（3）手动报警按钮的信号接到火灾报警控制器上，消防启泵按钮的信号接到消防控制室的消防联动控制盘上；火灾报警时，不一定要启泵，所以，手动报警按钮不能替代消火栓按钮兼作启泵的联动触发装置。

2. 消火栓按钮的设置要求

（1）在设置消火栓的场所必须设置消火栓按钮。

（2）设置火灾自动报警系统时，消火栓按钮可采用二总线制，即引至消防联动控制器总线回路，用于传输按钮的动作信号，同时消防联动控制器接收到消防泵动作的反馈信号后，通过总线回路点亮消火栓按钮的启泵反馈指示灯。

（3）未设置火灾自动报警系统时，消火栓按钮采用四线制，即两线引至消防泵控制柜（箱）用于启动消防泵；两线引至消防泵动作反馈触点，接收消防泵启动的反馈信号，在消防泵启动点亮消火栓按钮的启泵反馈指示灯。

（4）稳高压系统中设置的消火栓按钮，其启动信号不作为启动消防泵的联动触发信号，只用来确认被使用消火栓的位置信息，因此稳高压系统中，消火栓按钮也是不能忽略的。

3. 产品实例

J-SAM-GST9123 型消火栓按钮为编码型，可直接接入控制器总线，占一个地址编码。消火栓按钮表面装有一按片，当启用消火栓时，可直接按下按片，此时消火栓按钮的红色启动指示灯亮，表明已向消防控制室发出了报警信息，火灾报警控制器在确认了消防水泵已启动运行后，就向消火栓按钮发出命令信号点亮绿色回答指示灯。本按钮主要具有以下特点：

（1）采用底座分离式结构设计，安装简单方便；

（2）电子编码，可现场改写；

（3）消火栓按钮为可重复使用型，采用压下报警方式，按下后可用专用钥匙复位；

（4）按下消火栓按钮按片，消火栓按钮提供的独立输出触点，可直接控制其他外部设备；

（5）采用微处理器实现对消防设备的控制，用数字信号与火灾报警控制器进行通信，工作稳定可靠，对电磁干扰有良好的抑制能力；

（6）由微处理器对运行情况进行监视，给出诊断信息。

主要技术指标：

（1）工作电压：总线 24V。

（2）监视电流≤0.8mA。

（3）报警电流≤2mA。

（4）线制：消火栓按钮与火灾报警控制器信号二总线连接，若需实现直接启泵控制，需将消火栓按钮与泵控制箱采用二线连接。

（5）指示灯：

启动：红色，巡检时闪亮，消火栓按钮按下时此灯点亮。

回答：绿色，消防水泵运行时此灯点亮。

（6）无源输出触点容量：DC30V/100mA。

（7）使用环境：温度：−10～+55℃，相对湿度≤95%，不结露。

（8）外壳防护等级：IP65。

（9）外形尺寸：95.4mm×98.4mm×52.5mm（带底壳）。

结构特征、安装与布线：

本消火栓按钮为红色全塑结构，分底盒与上盖两部分。底盒与上盖采用拔插式结构装配，安装拆卸简单、方便，连接紧密，非常便于工程调试及维修更换。消火栓按钮外形示意图如图4-12。

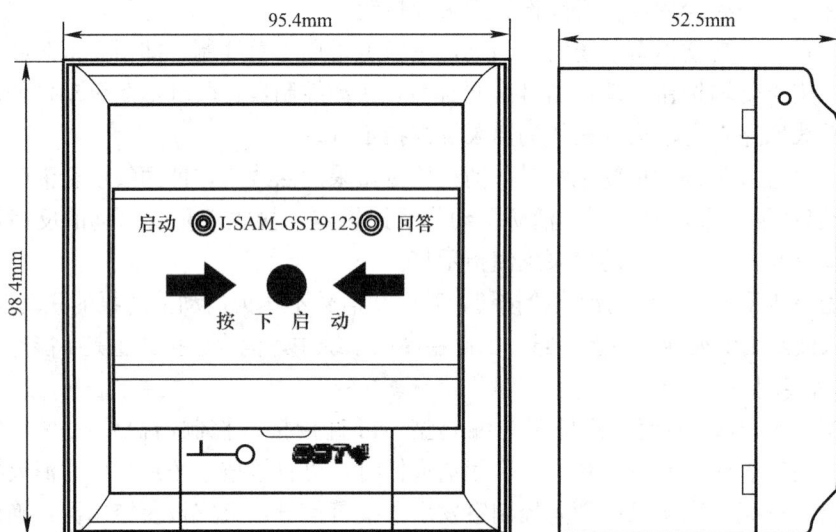

图4-12　J-SAM-GST9123型消火栓按钮外形示意图

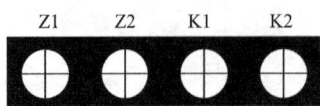

图4-13　消火栓按钮外接端子示意图

消火栓按钮外接端子示意图如图4-13。

其中：Z1、Z2：无极性信号二总线接线端子；

K1、K2：无源常开触点，用于直接启泵控制时，需外接24V电源。

布线要求：信号线Z1、Z2采用阻燃RVS双绞线，导线截面大于等于1.0mm²。

消火栓按钮采用明装方式，分为进线管明装和进线管暗装：进线管暗装时只需拔下按钮，从底壳的进线孔中穿入电缆并接在相应端子上，再插好按钮即可安装好，安装示意图如图4-14；进线管明装时只需拔下按钮，将底壳下端的敲落孔敲开，从敲落孔中穿入电缆并接在相应端子上，再插好按钮即可安装好，安装示意图如图4-15；安装孔距为60mm。

应用方法：

J-SAM-GST9123型消火栓按钮与火灾报警控制器及泵控制箱的连接可分为总线制启

泵方式和多线制直接起泵方式。采用总线制启泵方式时，消火栓按钮直接和信号二总线连接，消火栓按钮总线制启泵方式应用接线示意图见图 4-16。

这种方式中，消火栓按钮按下，即向控制器发出报警信号，控制器发出启泵命令并确认泵已启动后，将点亮消火栓按钮上的绿色回答指示灯。

采用消火栓按钮直接启泵方式应用接线示意图见图 4-17。

这种方式中，消火栓按钮按下，可直接控制消防泵的启动，泵运行后，火灾报警控制器确认泵已启动后，将点亮消火栓按钮上的绿色回答指示灯。

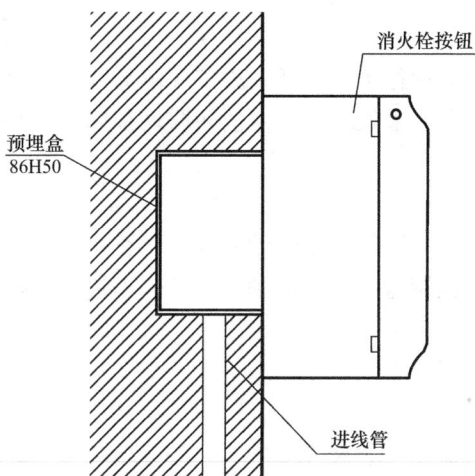

图 4-14　消火栓按钮进线管暗装示意图　　　　图 4-15　消火栓按钮进线管明装示意图

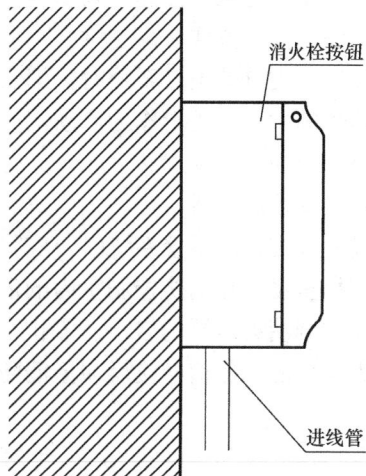

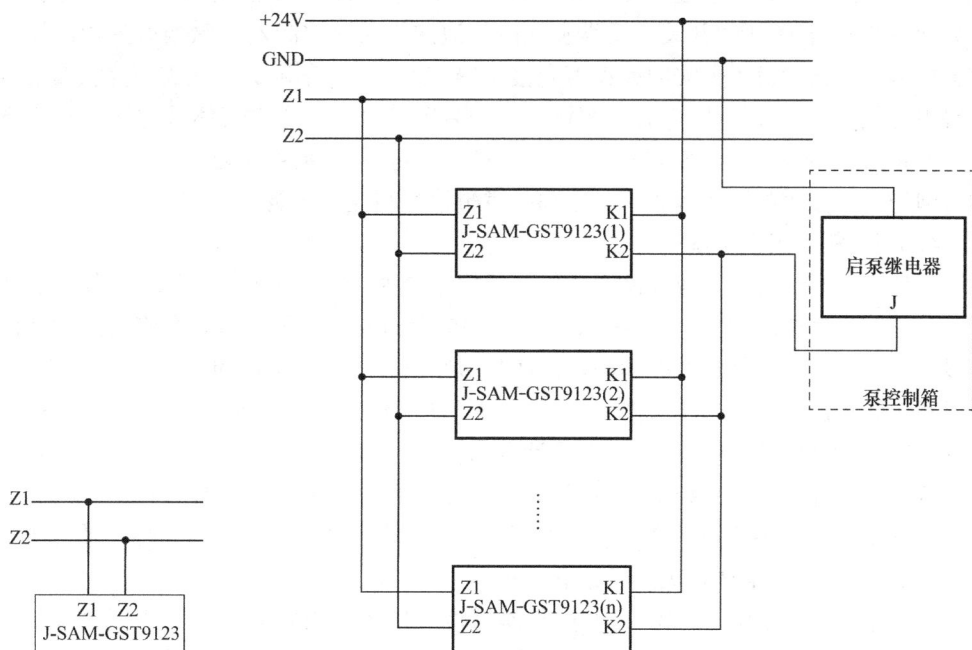

图 4-16　消火栓按钮总线制
起泵方式应用接线示意图

图 4-17　火栓按钮直接起泵方式应用接线示意图

4.2.3 室内消火栓系统的联动控制

《火灾自动报警系统设计规范》GB 50116—2013 规定：消防水泵的控制设备当采用总线编码模块控制时，还应在消防控制室设置手动直接控制装置。消防控制室的控制设备应有消防水泵的启、停，除自动控制外，还应能手动直接控制。具体控制要求如下：

（1）连锁控制方式

消火栓使用时，应将消火栓系统出水干管上设置的低压压力开关、高位消防水箱出水管上设置的流量开关或报警阀压力开关等信号作为触发信号，直接控制启动消火栓泵，联动控制不应受消防联动控制器处于自动或手动状态的影响。

（2）联动控制方式

当设置火灾自动报警系统时，消火栓按钮的动作信号与任一火灾探测器或手动报警按钮报警信号的"与"逻辑作为启动消火栓泵的联动触发信号，由消防联动控制器联动控制消火栓泵的启动。

（3）手动控制方式

当设置火灾自动报警系统时，应将消火栓泵控制箱（柜）的启动、停止按钮用专用线路直接连接至设置在消防控制室内的消防联动控制器的手动控制盘，并应通过手动控制盘直接手动控制消火栓泵的启动、停止。

消火栓泵的动作信号应反馈至消防联动控制器。

4.3 气体（泡沫）灭火系统

气体（泡沫）灭火系统主要由灭火剂储瓶和瓶头阀、驱动钢瓶和瓶头阀、选择阀（组合分配系统）、自锁压力开关、喷嘴及气体（泡沫）灭火控制器、感烟火灾探测器、感温火灾探测器、指示发生火灾的火灾声光报警器、指示灭火剂喷放的火灾声光报警器（带有声警报的气体释放灯）、紧急启停按钮、电动装置等组成。通常气体（泡沫）灭火系统的上述设备自成系统。由于气体灭火过程中系统应该执行一系列的动作，因此，只有专用气体（泡沫）灭火控制器才具有这一系列的逻辑编程和执行功能。

4.3.1 气体灭火系统

气体灭火系统是指工业和民用建筑中设置七氟丙烷、IG541 混合气体（氮气、氩气和二氧化碳三种气体以 52％、40％、8％的比例混合而成）和热气溶胶全淹没灭火系统。全淹没灭火系统是指在规定的时间内，向防护区喷放设计规定用量的灭火剂，并使其均匀地充满整个防护区的灭火系统。图 4-18 是气体灭火系统示意图。图 4-19 是其工作流程图。

4.3.2 气体（泡沫）灭火系统设计要求

气体（泡沫）灭火系统应由专用的气体（泡沫）灭火控制器控制，即气体（泡沫）灭火系统在实施灭火各阶段的全部联动控制信号均应由气体（泡沫）灭火控制器发出。

4.3.3 气体（泡沫）灭火系统联动控制

1. 气体灭火控制器、泡沫灭火控制器直接连接火灾探测器时，气体灭火系统、泡沫灭火系统的自动控制方式应符合下列规定：

（1）应由同一防护区域内两只独立的火灾探测器的报警信号、一只火灾探测器与一只手动火灾报警按钮的报警信号或防护区外的紧急启动信号，作为系统的联动触发信号，探测器的组合宜采用感烟火灾探测器和感温火灾探测器。

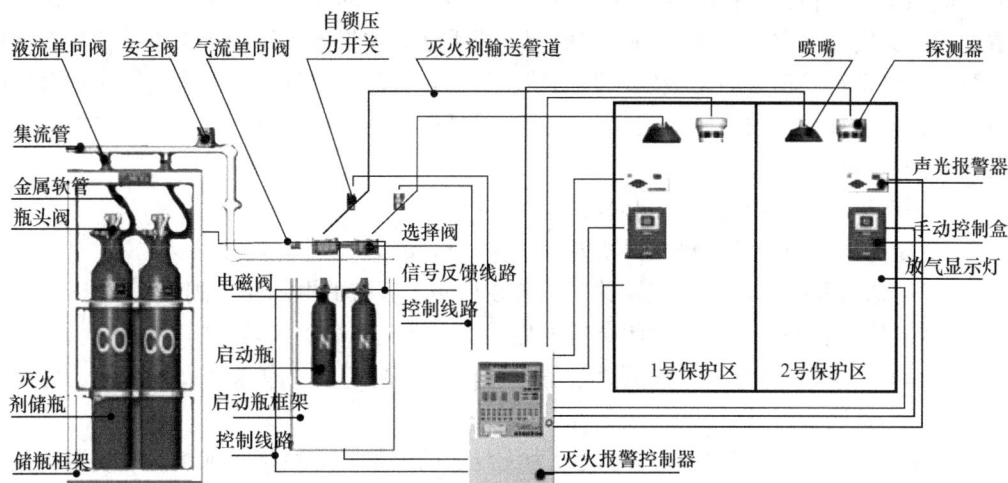

图 4-18　气体灭火系统组成示意图

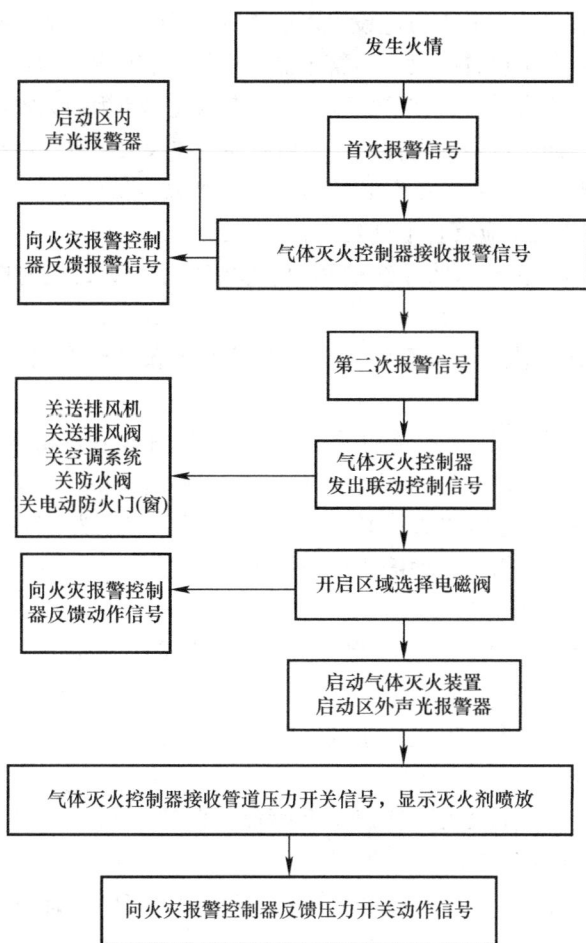

图 4-19　气体灭火系统工作流程图

（2）气体灭火控制器、泡沫灭火控制器在接收到满足联动逻辑关系的首个联动触发信号后，应启动设置在该防护区内的火灾声光警报器，且联动触发信号应为任一防护区域内设置的感烟火灾探测器、其他类型火灾探测器或手动火灾报警按钮的首次报警信号；在接收到第二个联动触发信号后，应发出联动控制信号，且联动触发信号应为同一防护区域内与首次报警的火灾探测器或手动火灾报警按钮相邻的感温火灾探测器、火焰探测器或手动火灾报警按钮的报警信号。

（3）联动控制信号应包括下列内容：

1）关闭防护区域的送（排）风机及送（排）风阀门；

2）停止通风和空气调节系统及关闭设置在该防护区域的电动防火阀；

3）联动控制防护区域开口封闭装置的启动，包括关闭防护区域的门、窗；

4）启动气体灭火装置、泡沫灭火装置，气体灭火控制器、泡沫灭火控制器，可设定不大于 30s 的延迟喷射时间。

（4）平时无人工作的防护区，可设置为无延迟的喷射，应在接收到满足联动逻辑关系的首个联动触发信号后按本条第 3 款规定执行除启动气体灭火装置、泡沫灭火装置外的联动控制；在接收到第二个联动触发信号后，应启动气体灭火装置、泡沫灭火装置。

（5）气体灭火防护区出口外上方应设置表示气体喷洒的火灾声光警报器，指示气体释放的声信号应与该保护对象中设置的火灾声警报器的声信号有明显区别。启动气体灭火装置、泡沫灭火装置的同时，应启动设置在防护区入口处表示气体喷洒的火灾声光警报器；组合分配系统应首先开启相应防护区域的选择阀，然后启动气体灭火装置、泡沫灭火装置。

2. 气体灭火控制器、泡沫灭火控制器不直接连接火灾探测器时，气体灭火系统、泡沫灭火系统的自动控制方式应符合下列规定：

（1）气体灭火系统、泡沫灭火系统的联动触发信号应由火灾报警控制器或消防联动控制器发出。

（2）气体灭火系统、泡沫灭火系统的联动触发信号和联动控制均应符合 4.3.3 中 1. 的规定。

3. 气体灭火系统、泡沫灭火系统的手动控制方式应符合下列规定：

（1）在防护区疏散出口的门外应设置气体灭火装置、泡沫灭火装置的手动启动和停止按钮，手动启动按钮按下时气体灭火控制器、泡沫灭火控制器应执行符合 4.3.3 中 1.（3）和（5）规定的联动操作；手动停止按钮按下时，气体灭火控制器、泡沫灭火控制器应停止正在执行的联动操作。

（2）气体灭火控制器、泡沫灭火控制器上应设置对应于不同防护区的手动启动和停止按钮，手动启动按钮按下时，气体灭火控制器、泡沫灭火控制器应执行 4.3.3 中 1.（3）和（5）规定的联动操作；手动停止按钮按下时，气体灭火控制器、泡沫灭火控制器应停止正在执行的联动操作。

4. 气体灭火装置、泡沫灭火装置启动及喷放各阶段的联动控制及系统的反馈信号，应反馈至消防联动控制器，系统的联动反馈信号应包括下列内容：

（1）气体灭火控制器、泡沫灭火控制器直接连接的火灾探测器的报警信号。

（2）选择阀的动作信号。

（3）压力开关的动作信号。

在防护区域内设有手动与自动控制转换装置的系统，其手动或自动控制方式的工作状态应在防护区内、外的手动和自动控制状态显示装置上显示，该状态信号应反馈至消防联动控制器。

4.4　防烟排烟系统

在火灾自动报警及消防联动控制系统中，防排烟系统是重要的组成部分之一。不同的排烟方式使用场合也有所不同，应根据暖通专业的工艺要求和有关防火规范进行设计。

防排烟设备主要包括正压风机、排烟风机、正压送风阀、防火间排烟阀、防火卷帘门和防火门等。防排烟系统一般在选定自然排烟、机械排烟、自然与机械排烟并用或机械加压送风方式后设计其电气控制。因此，防排烟系统的电气控制室所确定的防排烟设备，由以下不同内容与要求组成：消防控制室能显示各种电动防排烟设备的运行情况，并能进行连锁控制和就地手动控制；根据火灾情况打开有关排烟道上的排烟口，启动排烟风机（有正压送风机时同时启动），降下有关防火卷帘及防烟垂壁，打开安全出口的电动门，与此同时关闭有关的防火阀及防火门，停止有关防烟分区内的空调系统；设有正压送风的系统则同时打开送风口、启动送风机等。

4.4.1　防烟系统的联动控制

（1）应由加压送风口所在防火分区内的两只独立的火灾探测器或一只火灾探测器与一只手动火灾报警按钮的报警信号，作为送风门开启和加压送风机启动的联动触发信号，并应由消防联动控制器联动控制相关层前室等需要加压送风场所的加压送风口开启和加压送风机启动。

（2）应由同一防烟分区内且位于电动挡烟垂壁附近的两只独立的感烟火灾探测器的报警信号，作为电动挡烟垂壁降落的联动触发信号，并应由消防联动控制器联动控制电动挡烟垂壁的降落。

4.4.2　排烟系统的联动控制

（1）应由同一防烟分区内的两只独立的火灾探测器的报警信号，作为排烟口、排烟窗或排烟阀开启的联动触发信号，并应由消防联动控制器联动控制排烟口、排烟窗或排烟阀的开启，同时停止该防烟分区的空气调节系统。

（2）应由排烟口、排烟窗或排烟阀开启的动作信号，作为排烟风机启动的联动触发信号，并应由消防联动控制器联动控制排烟风机的启动。

4.4.3　防烟、排烟系统的手动控制方式

防烟、排烟系统的手动控制方式是指能在消防控制室内的消防联动控制器上手动控制送风口、电动挡烟垂壁、排烟口、排烟窗、排烟阀的开启或关闭及防烟风机、排烟风机等设备的启动或停止，防烟、排烟风机的启动、停止按钮应采用专用线路直接连接至设置在消防控制室内的消防联动控制器的手动控制盘，并应直接手动控制防烟、排烟风机的启动、停止。

送风口、排烟口、排烟窗或排烟阀开启和关闭的动作信号，防烟、排烟风机启动和停止及电动防火阀关闭的动作信号，均应反馈至消防联动控制器。

排烟风机入口处的总管上设置的 280℃排烟防火阀在关闭后应直接联动控制风机停止，排烟防火阀及风机的动作信号应反馈至消防联动控制器。

4.5 防火门及防火卷帘系统

在发生火灾时，为了防止火灾蔓延扩散而威胁到相邻建筑设施和人员的生命财产安全，需要采取分隔措施，把火灾损失降低到最低限度。常用的防火分隔措施有防火墙、防火楼板、防火门和防火卷帘门等。

4.5.1 防火门

防火门按其结构分为平开单扇门和平开双扇门；按其耐火极限分甲、乙、丙三级，分别为1.2h、0.9h、0.6h；按其燃烧性能分非燃烧体防火门和难燃烧体防火门。甲级防火门一般适用于防火墙及防火分割墙上，乙级防火门适用于封闭的楼梯间、单元住宅内、开向公共楼梯间的户门等，丙级防火门适用于电缆井、管道井、排烟道等管井壁上，当作检查门。

1. 防火门的设置要求

根据《建筑设计防火规范》GB 50016—2014（2018年版）规定：

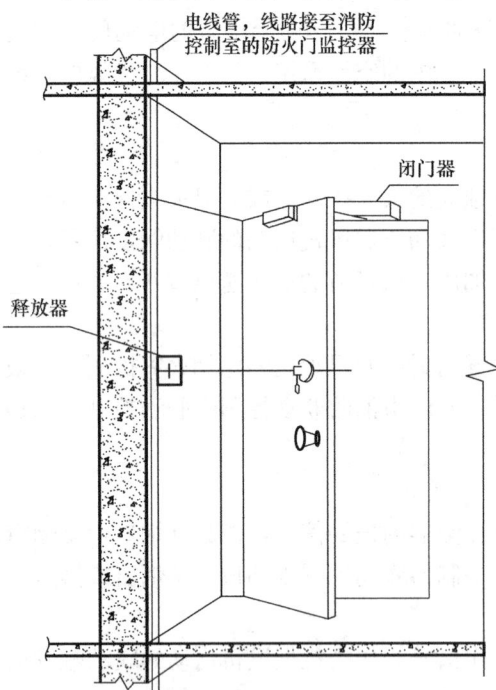

图4-20 常开防火门的联动控制

（1）设置在建筑内经常有人通行处的防火门宜采用常开防火门，常开防火门应能在火灾时自行关闭，并应具有信号反馈的功能。

（2）除允许设置常开防火门的位置外，其他位置的防火门均应采用常闭防火门，常闭防火门应在其明显位置设置"保持防火门关闭"等提示标识。

（3）除管井检修门和住宅的户外门外，防火门应具有自行闭关功能，双扇防火门应具有按顺序自行关闭的功能。

2. 防火门的联动控制

（1）应由常开防火门所在防火分区内的两只独立的火灾探测器或一只火灾探测器与一只手动火灾报警按钮的报警信号，作为常开防火门关闭的联动触发信号，联动触发信号应由火灾报警控制器或消防联动控制器发出，并应由消防联动控制器或防火门监控器联动控制防火门关闭（图4-20、图4-21）。

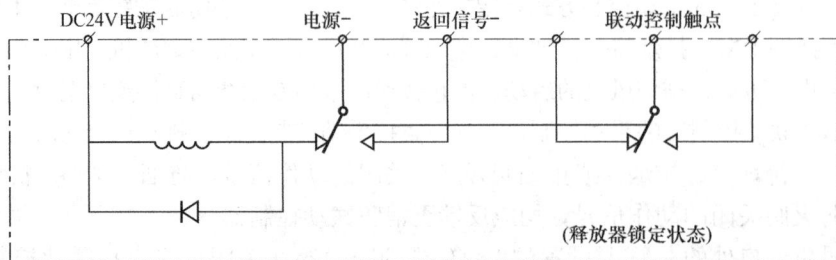

图4-21 释放器内部接线示意图

（2）疏散通道上各防火门的开启、关闭及故障状态信号应反馈至防火门监控器。

4.5.2　防火卷帘

当设置防火墙或防火门有困难时，可设防火卷帘，一般主要用于商场、营业厅、建筑物内中庭以及门洞宽度较大的场所。防火卷帘设置在建筑物中防火分区通道门处，可形成门帘或防火分隔。防火卷帘按帘板厚度不同区分为轻型卷帘和重型卷帘，轻型卷帘用厚度为 0.5～0.6mm 的钢板制成，重型卷帘用厚度为 1.5～1.6mm 的钢板制成；按开启方向分可分为上下开启式、横向开启式、水平开启式，前两者用于门窗洞口和房间内的分割，后者用于楼板孔道或电动扶梯隔间的顶盖；按卷帘卷起的方法可分为手动式和电动式；按耐火极限可分为普通型防火卷帘门和复合型防火卷帘门，前者耐火极限有 1.5h 和 2h 两种，后者耐火极限有 2.5h 和 3h 两种；按帘板构造分为普通型钢质防火卷帘和复合型钢质防火卷帘，前者帘板由单片钢板制成，耐火极限有 1.5h 和 2h 两种，后者帘板由双片钢板制成，中间加隔热材料，耐火极限有 2.5h 和 3h 两种。

防火卷帘由帘板、导轨、传动装置、控制机构组成。与防火门要求相同，防火卷帘门两侧也应装设不同类型的专用火灾探测器和设置手动控制按钮及人工升降装置。

根据防火卷帘所在的位置不同，防火卷帘可分为疏散通道上设置的防火卷帘和非疏散通道上设置的防火卷帘两种情况。

1. 疏散通道上设置的防火卷帘

疏散通道上设置的防火卷帘的联动控制设计，应符合下列规定：

（1）联动控制方式，防火分区内任两只独立的感烟火灾探测器或任一只专门用于联动防火卷帘的感烟火灾探测器的报警信号应联动控制防火卷帘下降至距楼板面 1.8m 处；任一只专门用于联动防火卷帘的感温火灾探测器的报警信号应联动控制防火卷帘下降到楼板面；在卷帘的任一侧距卷帘纵深 0.5～5m 内应设置不少于 2 只专门用于联动防火卷帘的感温火灾探测器（图 4-22、图 4-23）。

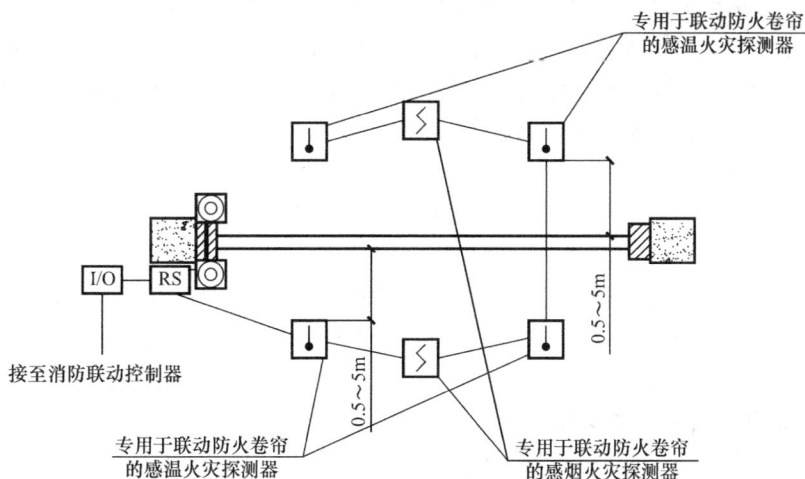

图 4-22　防火卷帘联动控制方案（一）

联动触发信号可以由火灾报警控制器连接的火灾探测器的报警信号组成，也可以由防火卷帘控制器直接连接的火灾探测器的报警信号组成。防火卷帘控制器直接连接火灾探测器时，防火卷帘可由防火卷帘控制器按上述的控制逻辑和时序联动控制防火卷帘的下降。防火卷帘控制器不直接连接火灾探测器时，应由消防联动控制器按上述控制逻辑和时序向防火卷帘控制器发出联动控制信号，由防火卷帘控制器控制防火卷帘的下降。

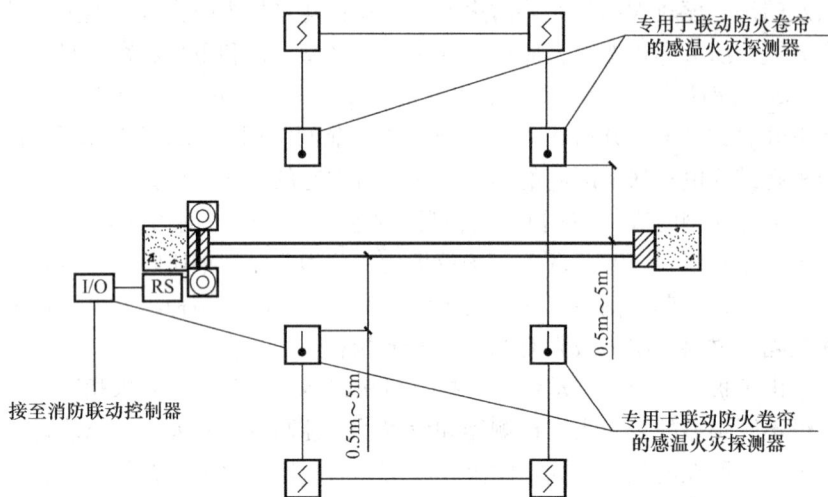

图 4-23　防火卷帘联动控制方案（二）

（2）手动控制方式，应由防火卷帘两侧设置的手动控制按钮控制防火卷帘的升降。

2. 非疏散通道上设置的防火卷帘

非疏散通道上设置的防火卷帘的联动控制设计，应符合下列规定：

（1）联动控制方式，应由防火卷帘所在防火分区内任两只独立的火灾探测器的报警信号，作为防火卷帘下降的联动触发信号，并应联动控制防火卷帘直接下降到楼板面。

（2）手动控制方式，应由防火卷帘两侧设置的手动控制按钮控制防火卷帘的升降，并应能在消防控制室内的消防联动控制器上手动控制防火卷帘的降落。

疏散通道上设置的防火卷帘和非疏散通道上设置的防火卷帘在防火卷帘下降至距楼板面 1.8m 处、下降到楼板面的动作信号和防火卷帘控制器直接连接的感烟、感温火灾探测器的报警信号，应反馈至消防联动控制器。

4.6　电梯的联动控制

电梯是高层建筑纵向交通的工具，消防电梯则是在发生火灾时供消防人员扑救火灾和营救人员用的。火灾时，无特殊情况下不用一般电梯作疏散，因为这时电源无把握，因此对电梯控制一定要保证安全可靠。

4.6.1　消防电梯的设置要求

根据《建筑设计防火规范》GB 50016—2014（2018 年版）规定：

1. 消防电梯的设置场所

（1）建筑高度大于 33m 的住宅建筑；

（2）一类高层公共建筑和高度超过 32m 的其他二类高层公共建筑；

（3）设置消防电梯的建筑的地下室或半地下室，埋深大于 10m 且总建筑面积大于

3000m² 的其他地下或半地下建筑（室）。

2. 消防电梯的设置数量

（1）消防电梯应分别设置在不同的防火分区内，且每一个防火分区不应少于 1 台。相邻两个防火分区可共用 1 台消防电梯。

（2）符合消防电梯要求的客梯或货梯可兼做消防电梯。

3. 电梯前室

消防电梯间应设电梯前室

（1）消防电梯间前室宜靠外墙设置，在首层应设直通外室的出口或经过长度不超过 30m 的通道通向室外；

（2）其面积：居住建筑不应小于 4.50m²，公共建筑不应小于 6.00m²。当与防烟楼梯间合用前室时，其面积：居住建筑不应小于 6.00m²；公共建筑不应小于 10m²；

（3）消防电梯间前室的门，应采用乙级防火门，不设置防火卷帘。

4. 电梯井

（1）消防电梯井、机房与相邻其他电梯井、机房之间应采用耐火极限不低于 2.00h 的隔墙隔开，当在隔墙上开门时，应设甲级防火门；

（2）消防电梯间前室门口宜设挡水设施。消防电梯的井底应设排水设施，排水井容量不应小于 2.00m³，排水泵的排水量不应小于 10L/s。

5. 消防电梯的设置规定

（1）应能每层停靠；

（2）消防电梯的载重量不应小于 800kg；

（3）消防电梯从首层到顶层的运行时间不宜超过 60s；

（4）动力与控制电缆、电线、控制面板应采取防水措施；

（5）在首层消防电梯入口处应设供消防队员专用的操作按钮；

（6）消防电梯轿厢内装修应采用不燃材料；

（7）电梯轿厢内部应设置专用消防对讲电话。

4.6.2 电梯的联动控制

（1）消防联动控制器应具有发出联动控制信号强制所有电梯停于首层或电梯转换层的功能。

（2）电梯运行状态信息和停于首层或转换层的反馈信号，应传送给消防控制室显示，轿厢内应设置能直接与消防控制室通话的专用电话。

4.7　消防应急广播系统

火灾时，为了有效地组织人员疏散，指挥消防人员有序灭火，需要设置火灾应急广播系统。为使工作、学习和生活环境舒适、愉快，在一些学校、工厂、商场、宾馆和高级公寓内，目前一般都设置背景音响系统，播放背景音乐或播发一些通知。这样，常常在一座大楼内往往同时存在两个功能、目的和要求不同的广播系统，但由于两者同属于广播系统，有着密切的联系，所以不可能完全相互独立。现在工程上常用的做法是：在对背景音响广播要求不高的场所，使背景音响广播系统和火灾应急广播系统合二为一、相互兼容。

在公关建筑内的扬声器和一些配线系统中，设置广播切换控制电路，平时使广播系统工作在一般公共广播状态，播放音乐和播放通知；当火灾发生时，系统被强行切换到火灾应急广播的状态，播放火灾信息，指挥人员疏散或指挥灭火。采用这种方式可以节省大量投资，减少设备和简化电路。背景音响广播和火灾应急广播合称为公共广播系统。

4.7.1 火灾应急广播系统的设计原则

根据《火灾自动报警系统设计规范》GB 50116—2013 规定，火灾应急广播系统的设置，应符合下列要求：

火灾自动报警系统应设置火灾声光警报器，并应在确认火灾后启动建筑内的所有火灾声光警报器。未设置消防联动控制器的火灾自动报警系统，火灾声光警报器应由火灾报警控制器控制；设置消防联动控制器的火灾自动报警系统，火灾声光警报器应由火灾报警控制器或消防联动控制器控制。公共场所宜设置具有同一种火灾变调声的火灾声警报器；具有多个报警区域的保护对象，宜选用带有语音提示的火灾声警报器；学校、工厂等各类日常使用电铃的场所，不应使用警铃作为火灾声警报器。火灾声警报器设置带有语音提示功能时，应同时设置语音同步器。

同一建筑内设置多个火灾声警报器时，火灾自动报警系统应能同时启动和停止所有火灾声警报器的工作。火灾声警报器单次发出火灾警报时间宜为 8～20s。同时设有消防应急广播时，火灾声警报器与消防应急广播交替循环播放。

集中报警系统和控制中心报警系统应设置消防应急广播。消防应急广播系统的联动控制信号应由消防联动控制器发出。当确认火灾后，应同时向全楼进行广播，选用功放的功率应满足所有同事启动扬声器的工作要求，不需设置备用功放。

消防应急广播的单次语音播放时间宜为 10～30s，应与火灾声警报器分时交替工作，可采取 1 次声警报器播放、1 次或 2 次消防应急广播播放的交替工作方式循环播放。

在消防控制室应能手动或按预设控制逻辑联动控制选择广播分区、启动或停止应急广播系统，并应能监听消防应急广播。在通过传声器进行应急广播时，应自动对广播内容进行录音，在此期间应联动停止火灾声警报。消防控制室内应能显示消防应急广播的广播分区的工作状态。消防应急广播与普通广播或背景音乐广播合用时，应具有强制切入消防应急广播的功能。

4.7.2 火灾应急广播系统的设计

1. 火灾应急广播的组成

图 4-24 所示是广播系统的基本组成形式，这个简易系统能实现发布语音广播、背景音乐广播、广播新闻，可与 CD/MP3 播放器、录音卡座、数字调谐器等设备相连接，但不具备消防应急广播的条件，例如，无法进行分区报警、扬声器没有实现三线制控制、与消防报警控制系统无联动等。满足消防应急广播要求的公共广播系统的典型结构如图 4-25 所示。

图 4-24 广播系统的基本组成

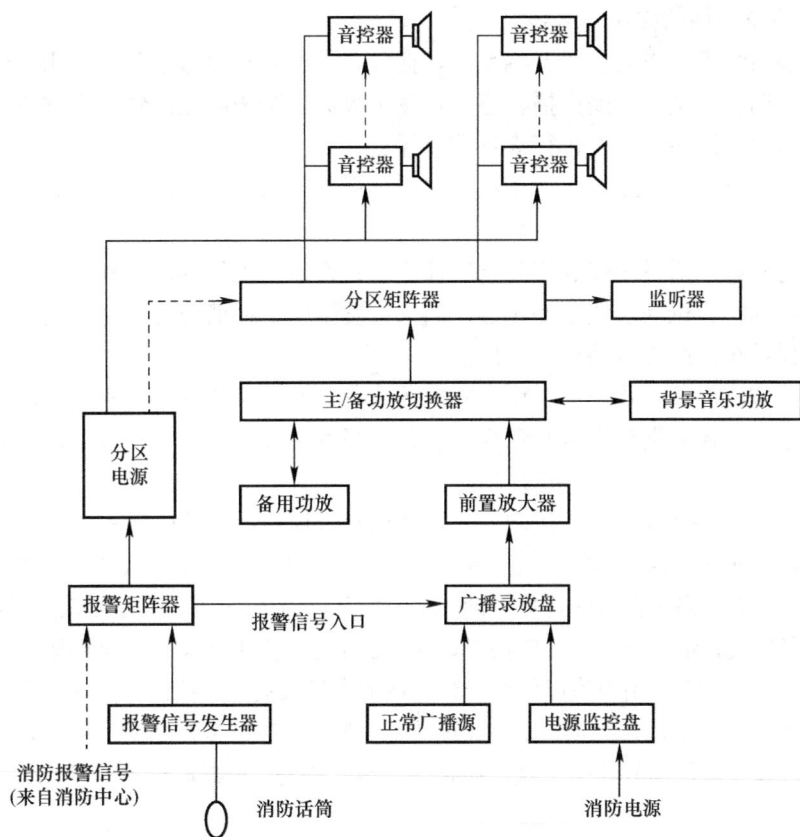

图 4-25　含火灾应急广播的典型公共广播系统结构

（1）广播录放盘

公共广播系统的配套产品之一，发生火灾时，它与定压功率放大器、音箱等组成事故广播系统，完成外线、话筒、固态录音机的事故广播，同时自动将三种播音方式进行录音，是应急广播系统中的前置音源及系统启动的中心控制设备。

（2）报警矩阵器

消防应急广播与消防控制中心的接口。发生火灾时，报警控制器发出着火分区的火警信号，报警矩阵器能根据预编程序，自动强行使报警区及其相邻区的公共广播系统进入火灾应急广播系统的工作状态，并使有音控的扬声器强行直通电源，绕过音量控制和开关环节。在警报启动时，报警信号发生器也被激活，自动地向警报区发送警笛或预先固化的告警录音，也可用消防话筒实时指挥现场运作，并且消防话筒具有最高优先权，能抑制包括警铃在内的所有信号。

（3）备用功率放大器

火灾时或主放有故障时，能自动切换至备用功放，提高系统的可靠性。备用功放也可支持背景音乐，如果背景音乐的广播扬声器总量较多，须配置容量相当的备用功放。

（4）消防电源

有两路交流 220V 和一路直流备用蓄电池输入，输出为交流 220V 和直流 24V 各一路，实现不间断供电。

2. 火灾应急广播的强制切入设计

公共广播系统平时作为背景音响系统，播放背景音乐和发布新闻等，用户可以根据需要进行选台、调解音量或关闭广播，但一旦发生火灾，系统应立即转入火灾应急广播工作状态，强制扬声器以最大声音进行火灾信息播放。

火灾时，将日常广播或背景音乐系统扩音机强制转入火灾事故广播状态的控制切换方式一般有两种：

（1）消防应急广播系统仅利用日常广播或背景音乐系统的扬声器和馈电线路，而消防应急广播系统的扩音机等装置是专用的。当火灾发生时，在消防控制室切换输出线路，使消防应急广播系统按照规定播放应急广播。

（2）消防应急广播系统全部利用日常广播或背景音乐系统的扩音机、馈电线路和扬声器等装置，在消防控制室只设置紧急播送装置，当发生火灾时可遥控日常广播或背景音乐系统紧急开启，强制投入消防应急广播。

图 4-26 为第二种切换方式的控制实例，其控制过程为：公共广播系统一旦收到消防信号，立刻由触发继电器启动紧急广播控制器，将消防音源通过功率放大器送到各个区域，以信号的最大值播放，提高收听的音量，即使此时紧急广播扬声器处于关闭状态，也将会被强制打开，并以最大音量广播。正常广播时，继电器 J 处于失电状态，其常闭触点闭合，扬声器接在正常广播线路上，用户可以任意选台、调解音量或关闭广播。火灾时，在控制信号作用下继电器 J 得电，其常闭触点断开，常开触点闭合，扬声器接在消防线路上，正常广播线路上的频段选择和音量调节开关失效，强制扬声器以最大音量播放火灾信息。

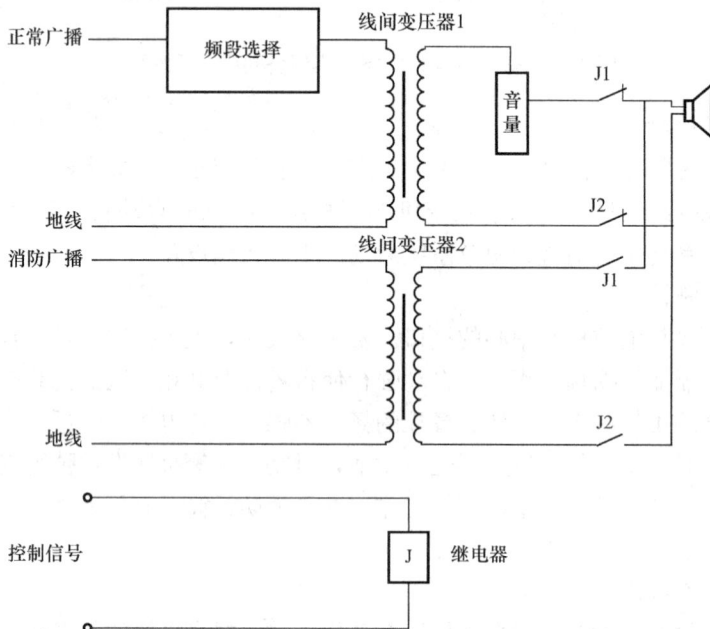

图 4-26 广播切换控制电路

4.7.3 产品实例

GST-XG9000S（新国标）消防应急广播系统是火灾逃生疏散和灭火指挥的重要设备，在整个消防控制管理系统中起着极其重要的作用。在火灾发生时，应急广播信号通过音源设备发出，经过功率放大后，由编码输出控制模块切换到广播指定区域的扬声器实现应急广播。GST-XG9000S 是总线制消防应急广播系统，完全满足现行国家标准《消防联动控制系统》GB 16806—2006 要求，系统主要由主机端设备：声源设备、广播功率放大器、火灾报警控制器（联动型）等，及现场设备：扬声器监视模块、扬声器构成。

1. 系统说明

（1）系统配置说明：

GST-XG9000S 消防应急广播系统的主机端设备（消防控制室）。

GST-GBFB-200A 广播控制盘。

GST-GF500WA/300WA/150WA 型功率放大器。

GST-XG9000S 消防应急广播系统的现场设备。

GST-LD-8305 扬声器监视模块。

HY6253 3W 扬声器、HY6251 3W 扬声器。

WY-BG5-2 扬声器、YXJ3-4A 扬声器。

（2）系统容量

GST-XG9000S 消防应急广播系统的主机端设备容量（消防控制室）。

每个 GST-GBFB-200A 广播控制盘可级联 15 台广播功率放大器。

每个 GST-GF500WA/300WA/150WA 型广播功率放大器输出功率分别为 500W、300W 及 150W。

（3）现场设备容量

每个 GST-LD-8305 扬声器监视模块最多可配接 50 个 HY6253 3W/HY6251 3W/WY-BG5-2/YXJ3-4A 扬声器。

HY6253 3W/HY6251 3W/WY-BG5-2/YXJ3-4A 扬声器额定功率为 3W。

（4）联动控制配置

与 GST200 联动控制器配接时，每个控制器可最多配接 1 台 GST-GBFB-200A 广播控制盘与 GST5000、GST9000、GSTN3200 联动控制器配接时，每个回路板可最多配接 1 台 GST-GBFB-200A 广播控制盘。

每个 GST-LD-8305 扬声器监视模块占用一个总线点，需要计入控制器总线点数量。

GST-GBFB-200A 广播控制盘功耗电流＝广播系统主机需要的 DC24V 联动电源供电电流。

（5）系统配置计算

根据现场的分区情况确定扬声器及 GST-LD-8305 扬声器监视模块的数量。

根据扬声器总的功率数计算出需要的广播功率放大器的功率，选择合适的广播功率放大器。

GST-GBFB-200A 广播控制盘可级联最多 15 台功率放大器，级联多个功率放大器时，需通过每个功率放大器的拨码开关按顺序设置地址。

根据广播分区数量得出控制器 128 手动盘数量。

GST-XG9000S 消防应急广播系统本身具有 SD 卡接口，可播放 SD 卡中 MP3 格式音频。

GST-XG9000S 消防应急广播系统的功放采用备用 AC220V 供电，请根据功放标称功率选择备用电源。

根据与联动控制器配接的说明进行控制器总线点数量计算、回路板数量计算、DC24V 联动电源容量计算，完成联动控制器配置。

2. 主要设备

（1）GST-GBFB-200A 广播控制盘（新国标）

GST-GBFB-200A 广播分配盘（新国标）是消防应急广播系统配套产品，它与广播功率放大器、扬声器、GST-LD-8305 扬声器监视模块等设备共同组成消防应急广播系统。同时它也通过 RS485 串行总线与消防控制器相连接，一起完成消防联动控制。它可以同时接入最多 15 台功放，以满足工程上的最大限度的需要。具备 SD 卡接口，可播放 SD 卡中 MP3 格式音频进行正常广播。作为应急广播也兼顾了正常广播播音的需要，两者自由切换，应急广播优先（图 4-27、图 4-28）。

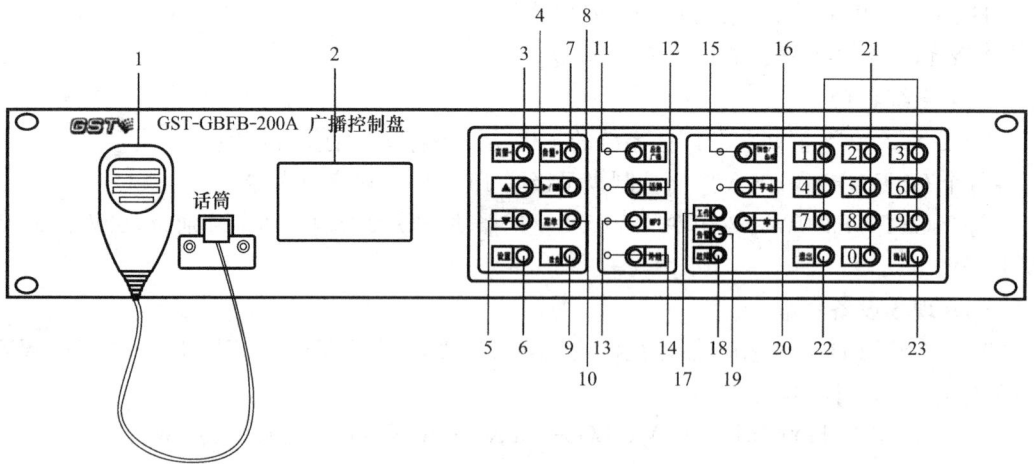

图 4-27　广播控制盘正面图

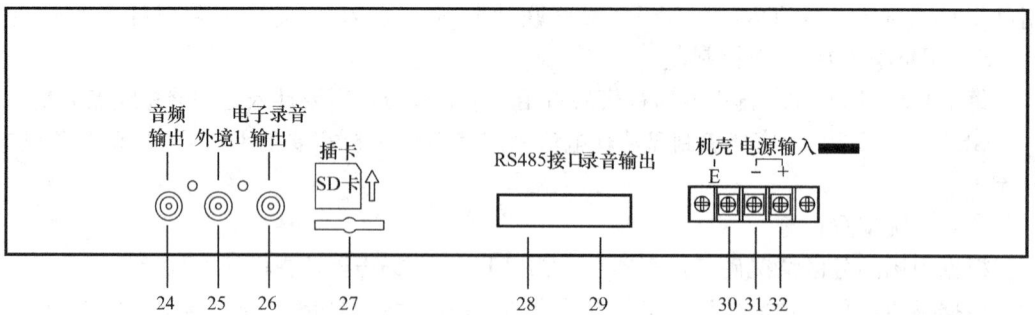

图 4-28　广播控制盘背面图

图 4-27、图 4-28 中：1—手持话筒（PTT）；2—液晶显示屏（LCD）；3—音量；4—上翻键；5—下翻键；6—设置键；7—音量＋；8—播放/暂停键；9—解锁/录音键；10—菜单键；11—应急广播键及指示灯；12—话筒键及指示灯；13—MP3 键及指示灯；14—外线键及指示灯；15—消音/自检键及指示灯；16—手动键及指示灯；17—工作指示灯；18—故障指示灯；19—告警指示灯；20—＊键；21—数字键；22—退出键；23—确认键；24—音频输出；25—外线1；26—电子录音输出；27—SD 卡卡槽；28—RS485 接口；29—级联输出接口；30—机壳地；

31—电源输入负极；32—电源输入正极

注意电源正负不能反接。

布线要求：定压输出线采用阻燃 RV 线，截面积大于等于 1.5mm^2，最大传输距离 1500m。

（2）GST-GF500WA/300WA/150WA 型广播功率放大器

广播功率放大器是消防应急广播系统配套产品，它与相应的广播音源设备和广播终端设备等配合，实现消防现场的应急广播功能。GST-GF500WA 型广播功率放大器、GST-GF300WA 型广播功率放大器、GST-GF150WA 型广播功率放大器功能相同，但功率不同，分别为 500W、300W 和 150W（图 4-29、图 4-30）。

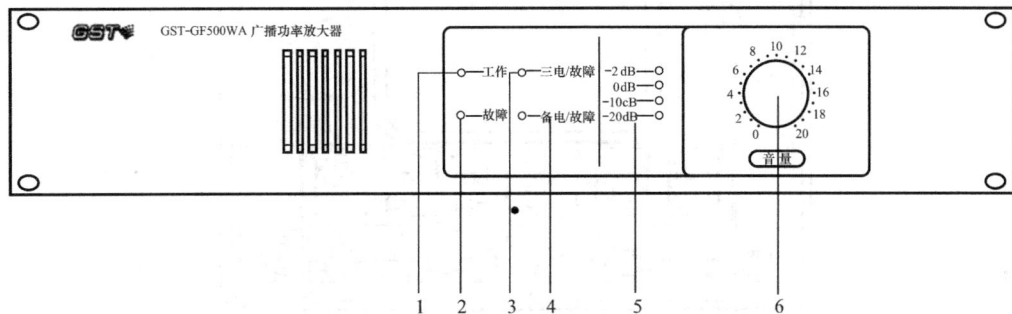

图 4-29　功率放大器正面图

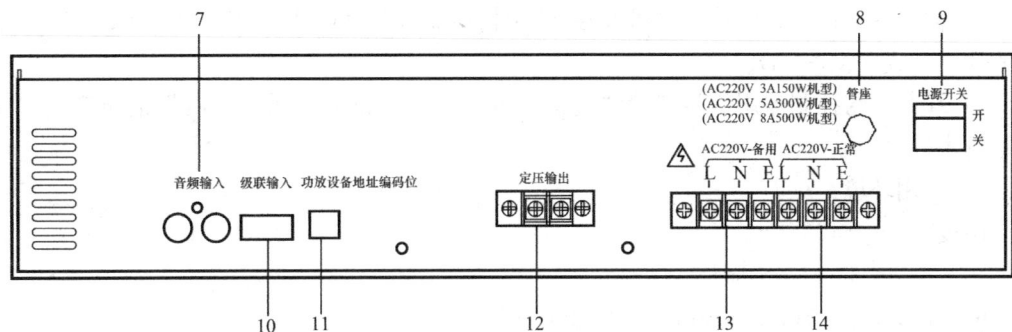

图 4-30　功率放大器背面图

图 4-29、图 4-30 中：1—工作指示灯；2—故障灯；3—主电指示灯；4—备电指示灯；5—音频输出电平显示；6—音量电位器；7—音频输入；8—保险管座；9—电源开关；10—级联输入；11—功放设备地址编码位；12—定压输出；13—备用电源输入：备用交流 220V 电源输入接口；14—主用电源输入：主用交流 220V 电源输入接口

（3）GST-LD-8305 扬声器监视模块

GST-LD-8305 扬声器监视模块，用于总线制消防广播系统中正常广播和消防广播间的切换。模块在切换到消防广播后自回答，并将切换信息传回火灾报警控制器，以表明切换成功。具有两线制低功耗设计、检测干线故障、扬声器短路及断路故障、扬声器丢失故障、电子编码等特点（图 4-31）。

主要技术指标

1）工作电压：信号总线电压：总线 24V 允许范围：16～28V。

2）工作电流：总线监视电流≤1.3mA；总线启动电流≤4.5mA。

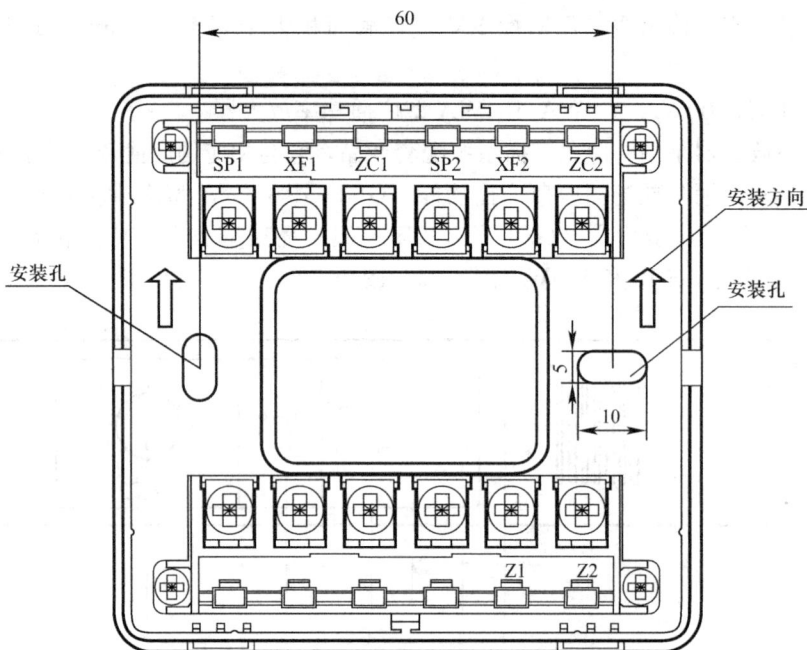

图 4-31　扬声器监视模块接线端子图

3）输出容量：每只模块最多可配接 50 个扬声器（型号可选：HY6253 或 HY6251 或 WY-BG5-2 或 YXJ3-4A）。

4）线制：与控制器用信号二总线连接；可接入两根正常广播线、两根消防广播线及两根扬声器线。

5）使用环境：

温度：0～+40℃。

相对湿度≤95%，不凝露。

6）外形尺寸：86mm×86mm×43mm（带底壳）。

7）外壳防护等级：IP30。

模块的外形尺寸及结构与 GST-LD-8305 型输出模块相同，安装方法也相同。

Z1、Z2：

信号总线输入端，无极性。

ZC1、ZC2：

正常广播线输入端子。

XF1、XF2：

消防广播线输入端子。

SP1、SP2：

与扬声器连接的端子。

布线要求：Z1、Z2 可选用 RVS 双绞线，截面积大于等于 1.0mm²；正常广播线 ZC1、ZC2，消防广播线 XF1、XF2 及扬声器连接线 SP1、SP2 均采用 RV 线，截面积大于等于 1.0mm²。布线应与动力电缆、高低压配电电缆等不同电压等级的电缆分开布置，不能布设在同一穿线管或线槽内。

（4）WY-BG5-2/YXJ3-4A/HY6253 3W/HY6251 3W 扬声器

WY-BG5-2、YXJ3-4A、HY6253 3W、HY6251 3W 扬声器是消防应急广播系统配套产品，WY-BG5-2、HY6253 3W 为壁挂式安装扬声器，YXJ3-4A、HY6251 3W 扬声器为吸顶式安装扬声器。

主要技术指标

1）工作电压：120V。

2）额定功率：3W。

3）额定频率：500～9000Hz（WY-BG5-2、YXJ3-4A）。

　　　　　　125～6300Hz（HY6253 3W、HY6251 3W）。

4）特性灵敏度级：90±3dB。

布线：扬声器接线采用阻燃 RV 线，截面积大于等于 $1.0mm^2$。

3. 系统接线图

系统接线图见图 4-32。

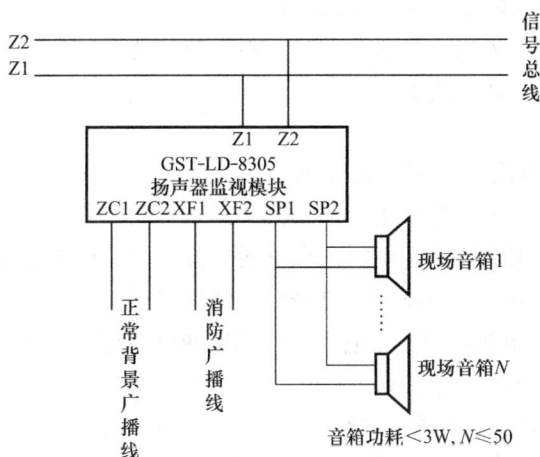

图 4-32　GST-XG9000S 消防应急广播系统接线图

4.8　消防专用电话系统

消防电话系统是一种消防专用的通信系统，现场人员可通过现场内的专用电话系统快速、及时、准确地与消防控制中心联系，且无需拨号，举机即可接通，这样便于人员紧急情况下使用，并能为组织人员灭火和逃生赢得时间。消防控制中心可以通过专用电话快速、及时、准确地呼叫现场分机，可迅速实现对火灾的人工确认，并可及时掌握火灾现场情况及进行其他必要的通信联络。消防控制室除设有专用的火警电话总机外，还应设有可拨"119"火警电话的电话机，并增设一条用作直拨"119"的专用电话线。

4.8.1　主要设备

1. 消防电话

消防电话是指用于消防控制室与建筑物各部位之间通话的电话系统。由消防电话总机、消防电话分机、消防电话插孔构成。消防电话是与普通电话分开的专用独立系统，一般采用集中式对讲电话。

2. 消防电话总机

在多线制消防电话系统中，每一部固定式消防电话分机占用消防电话主机的一路；总线制消防电话总机是一种新型的火警通信设备，通过两总线、24V电源线与电话模块、电话插孔、电话分机一起构成火灾报警通信系统。

3. 消防电话分机

固定式消防电话分机有被叫振铃和摘机通话的功能，与消防电话主机配合使用；手提式消防电话分机插入插孔即可呼叫主机，便于携带。

4.8.2　主要功能

（1）分机可呼叫主机，无需拨号，通过主机允许可以与主机通话；

（2）主机可呼叫任一分机，分机之间通过主机允许也可相互通话；

（3）电话插孔可以任意扩充；

（4）摘下固定分机或将电话分机插孔都视为分机呼叫主机；

（5）主机呼叫固定分机可通过报警控制器启动；

（6）可通过相应的模块来实现分机振铃振动。

消防专用通信系统应为独立的通信系统，不得与其他系统合用，供电装置应选用带蓄电池的电源装置，要求不间断供电。

4.8.3　设计要求

（1）消防专用电话网络应为独立的消防通信系统。

（2）消防控制室应设置消防专用电话总机。

（3）多线制消防专用电话系统中的每个电话分机应与总机单独连接。

（4）电话分机或电话插孔的设置，应符合下列规定：

1）消防水泵房、发电机房、配变电室、计算机网络机房、主要通风和空调机房、防排烟机房、灭火控制系统操作装置处或控制室、企业消防站、消防值班室、总调度室、消防电梯机房及其他与消防联动控制有关的且经常有人值班的机房应设置消防专用电话分机。消防专用电话分机，应固定安装在明显且便于使用的部位，并应有区别于普通电话的标识。

2）设有手动火灾报警按钮或消火栓按钮等处，宜设置电话插孔，并宜选择带有电话插孔的手动火灾报警按钮。

3）各避难层应每隔20m设置一个消防专用电话分机或电话插孔。

4）电话插孔在墙上安装时，其底边距地面高度宜为1.3～1.5m。

（5）消防控制室、消防值班室或企业消防站等处，应设置可直接报警的外线电话。

4.8.4　产品实例

GST-TS9000消防电话系统是一种消防专用的通信系统，通过这个系统可迅速实现对火灾的人工确认，并可及时掌握火灾现场情况及进行其他必要的通信联系，便于指挥灭火及现场恢复工作。

GST-TS9000消防电话系统满足现行国家标准《消防联动控制系统》GB 16806—2006中对消防电话的要求，是一套总线制消防电话系统。总线制消防电话系统由消防电话总机、火灾报警控制器（联动型）、消防电话接口、固定消防电话分机、消防电话插孔、手提消防电话分机等设备构成。

1. 系统说明

（1）系统容量

每个 GST-TS-100A/GST-TS-100B 型消防电话分机需要配接 1 个 GST-LD-8304 型消防电话接口。

每 100 个 GST-LD-8312 型消防电话插孔需要配接 1 个 GST-LD-8304 型消防电话接口。

每 512 个 GST-LD-8304 型消防电话接口需要配接 1 个 GST-TS-Z01A/GST-TS-100B 型消防电话总机。

（2）系统配置计算

根据现场 GST-TS-100A 型消防电话分机和 GST-LD-8312 型消防电话插孔的数量计算出 GST-LD-8304 消防电话接口的数量。

根据 GST-LD-8304 型消防电话接口的数量计算出 GST-TS-Z01A 型消防电话总机数量。

根据与"联动控制器配置"的说明进行控制器总线点数量计算、回路板数量计算、DC24V 联动电源容量计算，完成联动控制器配置。

2. 主要设备

（1）GST-TS-Z01A 型消防电话总机（图 4-33、图 4-34）

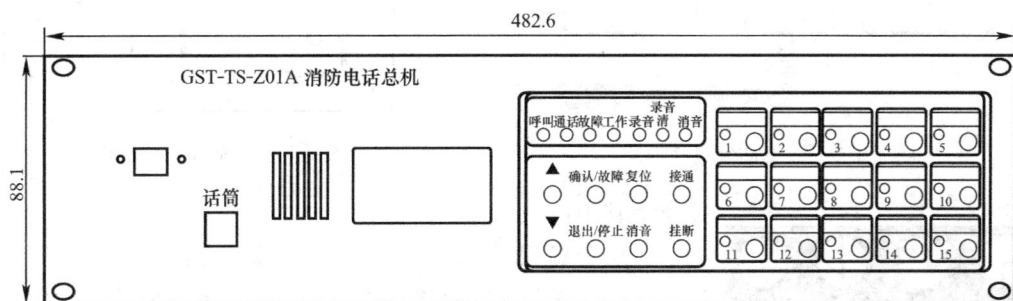

图 4-33 电话总机外形图

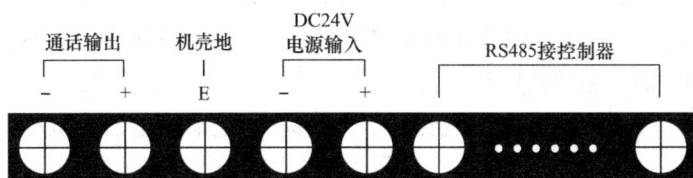

图 4-34 电话总机接线端子图

其中系统内部接线：

机壳地：与机架的地端相接。

DC24V 电源输入：接 DC24V。

RS485 接控制器：与火灾报警控制器相连接系统外部接线。

通话输出：消防电话总线，与 GST-LD-8304 接口连接。

布线要求：

通话输出端子接线采用截面积大于等于 1.0mm^2 的阻燃 RVVP 屏蔽线，最大传输距离 1500m。

特别注意：现场布线时，总线通话线必须单独穿线，不要同控制器总线同管穿线，否则会对通话声产生很大的干扰。

（2）GST-TS-100A/100B 型消防电话分机（图 4-35）

（3）GST-LD-8312 型消防电话插孔（图 4-36、图 4-37）

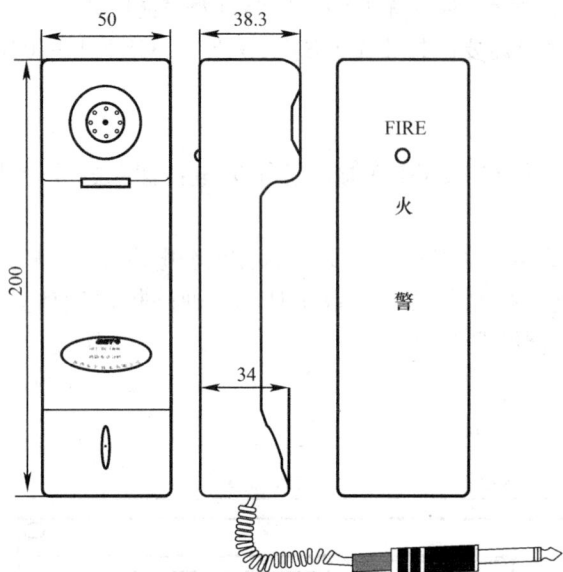

图 4-35　电话分机外形图

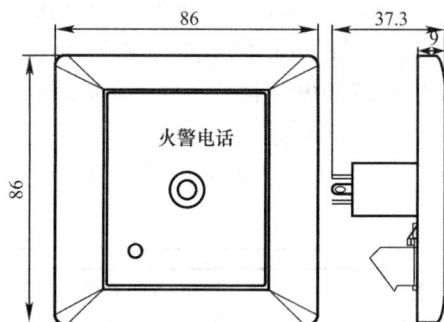

图 4-36　电话插孔外形图

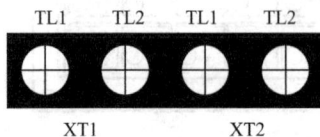

图 4-37　电话插孔接线端子图

其中：

端子 XT1 电话线输入端，接消防电话线 TL1、TL2。

端子 XT2 电话线输出端，接下一个电话插孔。

最末端电话插孔 XT2 接线端子接 $4.7k\Omega$ 终端电阻。

TL1、TL2 是与 GST-LD-8304 连接的端子。

布线要求：TL1、TL2 采用截面积大于等于 $1.0mm^2$ 的阻燃 RVVP 屏蔽线。

（4）GST-LD-8304 型消防电话接口

GST-LD-8304 型消防电话接口主要用于将手提/固定消防电话分机连入总线制消防电话系统。这是一种编码接口，占用一个编码点，与火灾报警控制器进行通信实现消防电话总机和消防电话分机的驳接，同时也实现消防电话总线断、短检线功能。

当消防电话分机的话筒被提起，消防电话分机通过消防电话接口自动向消防电话总机请求接入，接受请求后，由火灾报警控制器向该接口发出启动命令，将消防电话分机接入消防电话总线。当消防电话总机呼叫时，通过火灾报警控制器向电话接口发启动命令，电话接口将消防电话总线接到消防电话分机。

GST-LD-8304 型消防电话接口可连接一台固定消防电话分机或最多连接 100 只消防电话插孔。可通过四线水晶头插座直接连接 GST-TS-100A 固定电话分机，通过连接 TL1、TL2 端子的电话线连接 GST-LD-8312 消防电话插孔。多个电话插孔可并接在此电话线上（图 4-38）。

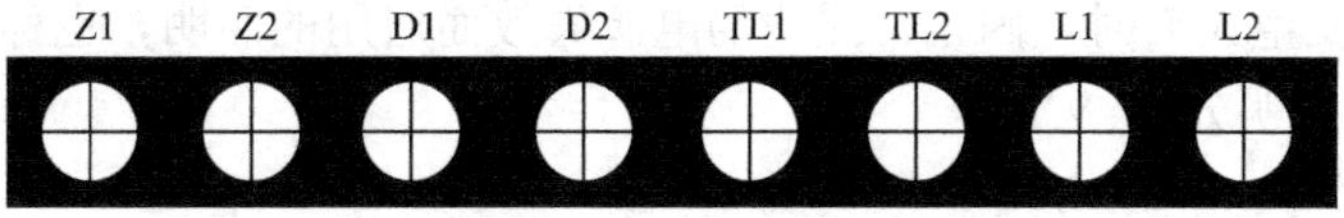

图4-38　电话接口接线端子图

GST-LD-8304型消防电话接口的外形尺寸及结构与GST-LD-8319型输入模块相同，安装方法也相同，其中：

Z1、Z2：接火灾报警控制器两总线，无极性。

D1、D2：DC24V电源，无极性。

TL1、TL2：与GST-LD-8312连接的端子。

L1、L2：消防电话总线，无极性。

布线要求：Z1、Z2采用截面积大于等于1.0mm²的阻燃RVS双绞线，DC24V电源线采用截面积大于等于1.5mm²的阻燃BV线，TL1、TL2、L1、L2采用截面积大于等于1.0mm²的阻燃RVVP屏蔽线。

3. 系统接线图

系统接线图如图4-39。

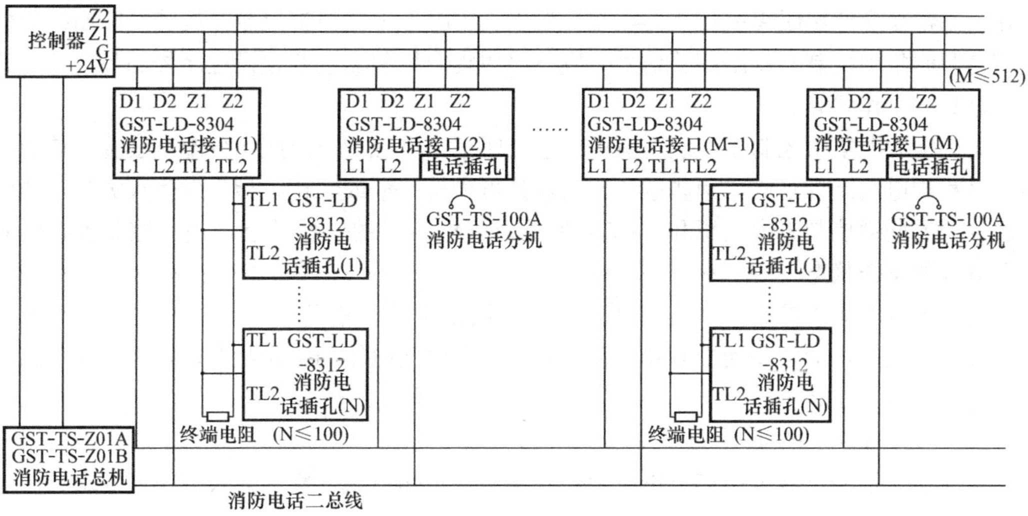

图4-39　系统接线图

4.9　消防应急照明和疏散指示系统

建筑物发生火灾，正常电源因故中断时，如果没有火灾应急照明和疏散指示标志，受灾的人们往往因找不到安全出口而发生拥挤、碰撞、摔倒等，尤其是高层建筑，影剧院，展览馆，大、中型商店（商场），歌舞厅等人员密集场所，发生火灾后，极易造成较大的踩踏伤亡事故；同时，也不利于消防队员进行灭火和救援。因此，设置符合消防要求并且行之有效的火灾应急照明和疏散指示标志是十分重要的。

4.9.1　分类

照明可分为正常照明、应急照明、值班照明、警卫照明、景观照明和障碍照明等。火灾应急照明是指发生火灾时，因正常照明的电源失效而启用的照明，也称火灾事故照明。

1. 火灾应急照明分类

（1）按用途分类

火灾应急照明包括火灾疏散照明、火灾备用照明和火灾安全照明。

火灾疏散照明作为火灾应急照明的一部分，用于安全出口、疏散出口、疏散走道、楼梯间、防烟前室等部位，是确保疏散通道被有效地辨认和使用的照明。

火灾备用照明作为火灾应急照明的一部分，用于消防控制室、消防水泵房等一些重要设备用房，是确保消防作业继续进行的照明。

火灾安全照明作为火灾应急照明的一部分，用于手术室、危险作业场所，是确保处于潜在危险之中的人员的安全的照明。

（2）按系统分类

消防应急照明和疏散指示系统按系统形式可分为：自带电源集中控制型（系统内可包括子母型消防应急灯具）、自带电源非集中控制型（系统内可包括子母型消防应急灯具）、集中电源集中控制型、集中电源非集中控制型。

集中控制型系统主要由应急照明集中控制器、双电源应急照明配电箱、消防应急灯具和配电线路等组成，消防应急照明可为持续型或非持续型。其特点是所有消防应急灯具的工作状态都受应急照明集中控制器控制。发生火灾时，火灾报警控制器或消防联动控制器向应急照明集中控制器发出相关信号，应急照明集中控制器按照预设程序控制各消防应急照明灯具的工作状态。

集中电源非集中控制型系统主要由应急照明集中电源、应急照明分配电装置、消防应急灯具和配电线路等组成，消防应急照明灯具可为持续型或非持续型。发生火灾时，消防联动控制器联动控制集中电源和/或应急照明分配电装置的工作状态，进而控制各路消防应急灯具的工作状态。

自带电源非集中控制型系统主要由应急照明配电箱、消防应急灯具和配电线路等组成。发生火灾时，消防联动控制器联动控制应急照明配电箱的工作状态，进而控制各路消防应急灯具的工作状态。

2. 火灾应急照明灯具分类

火灾应急照明灯具可按应急供电形式、用途、工作方式，实现方式等不同要求分类。

（1）接应急供电形式分类

1）双电源切换供电型

灯具内无独立的电池而由符合消防负荷等级的双电源经自动转换开关装置（ATSE）切换供电的火灾应急照明灯具。

2）自带电源型

电池和检验器件装在灯具内部或其附近（1m距离以内）的火灾应急照明灯具。

3）集中电源型

灯具内无独立的电池而由集中供电装置供电的火灾应急照明灯具。

4）子母电源型

子火灾应急灯具内无独立的电池而由与之相关的母火灾应急灯具供电装置供电的一组火灾应急照明灯具。

（2）按用途分类

1）火灾应急照明灯

火灾发生时，为人员疏散和（或）消防作业提供照明的火灾应急照明灯具。

2）火灾应急标志灯

用图形和（或）文字完成下述功能的火灾应急标志灯具：

① 指示安全出口、疏散出口及其方向。

疏散出口：用于人员离开某一区域至另一区域的出口。

安全出口：通向疏散楼梯间、避难走道和（或）室外地坪面的疏散出口。

② 指示楼层、避难层及其他安全场所。

③ 指示灭火器具存放位置及其方向。

④ 指示禁止入内的通道、场所及危险品存放处。

3）火灾应急照明标志灯

同时具备火灾应急照明灯和火灾应急标志灯功能的火灾应急照明灯具。

（3）按工作方式分类

1）常亮型

无论正常照明失电与否一直点亮的火灾应急照明灯具。

2）非持续型（常暗型）

只在消防联动或当正常照明失电时才点亮的火灾应急照明灯具。

3）持续型（未具备消防联动强制接通功能）

可随正常照明同时开关，并当正常照明失电时仍能点亮的火灾应急照明灯具。

4）可控制型（具备消防联动强制接通功能）

正常情况下可手动开、关控制和（或）由建筑设备监控系统（BA）控制，火灾情况下由消防联动或当正常照明失电时自动点亮（灯开关失控）的火灾应急照明灯具。

（4）按实现方式分类

1）独立型

独立完成由主电源状态转入应急状态的火灾应急照明灯具。

2）集中控制型

工作状态由控制器控制的火灾应急照明灯具。

3）子母控制型

由母火灾应急灯具控制子火灾应急灯具应急状态的一组火灾应急照明灯具。

4.9.2　设置原则

《民用建筑电气设计规范》GB 51348—2019 对火灾应急照明的设计作了以下规定：

1. 下列场所应设置备用照明：

（1）正常照明失效可能造成重大财产损失和严重社会影响的场所；

（2）正常照明失效妨碍灾害救援工作进行的场所；

（3）人员经常停留且无自然采光的场所；

（4）正常照明失效将导致无法工作和活动的场所；

（5）正常照明失效可能诱发非法行为的场所。

2. 当正常照明的负荷等级与备用照明负荷等级相等时可不另设备用照明。

3. 备用照明的照度标准值应符合下列规定：

（1）供消防作业及救援人员在火灾时继续工作场所的备用照明，应符合现行国家标准《建筑设计防火规范》GB 50016—2014（2018 年版）的规定；

（2）其他场所的备用照明照度标准值除另有规定外，应不低于该场所一般照明照度标准值的 10%。

4. 备用照明的设置应符合下列规定：

（1）备用照明宜与正常照明统一布置；

（2）当满足要求时应利用正常照明灯具的部分或全部作为备用照明；

（3）独立设置备用照明灯具时，其照明方式宜与正常照明一致或相类似。

5. 下列场所应设置安全照明：

（1）人员处于非静止状态且周围存在潜在危险设施的场所；

（2）正常照明失效可能延误抢救工作的场所；

（3）人员密集且对环境陌生时，正常照明失效易引起恐慌骚乱的场所；

（4）与外界难以联系的封闭场所。

6. 安全照明的照度标准值应符合下列规定：

（1）医院手术室、重症监护室应维持不低于一般照明照度标准值的 30%；

（2）其他场所不应低于该场所一般照明照度标准值的 10%，且不应低于 15lx。

7. 安全照明的设置应符合下列规定：

（1）应选用可靠、瞬时点燃的光源；

（2）应与正常照明的照射方向一致或相类似并避免眩光；

（3）当光源特性符合要求时，宜利用正常照明中的部分灯具作为安全照明；

（4）应保证人员活动区获得足够的照明需求，而无须考虑整个场所的均匀性。

8. 当在一个场所同时存在备用照明和安全照明时，宜共用同一组照明设施并满足二者中较高负荷等级与指标的要求。

《民用建筑电气设计规范》GB 51348—2019 对火灾应急照明系统的设计作了以下规定：

（1）灯具在地面设置时，每个回路不超过 64 盏灯；灯具在墙壁或顶棚设置时，每个回路不宜超过 25 盏灯。

（2）消防应急疏散照明的蓄电池组在非点亮状态下，不得中断蓄电池的充电电源。疏散标志灯平时应处于点亮状态，疏散照明灯可工作在非点亮状态。

（3）消防应急疏散照明系统的配电线路应穿热镀锌金属管保护敷设在不燃烧体内，在吊顶内敷设的线路应采用耐火导线穿采取防火措施的金属导管保护。

（4）在机房或消防控制中心等场所设置的备用照明，当电源满足负荷分级要求时，不应采用蓄电池组供电。

9. 消防疏散照明灯及疏散指示标志灯设置应符合下列规定：

（1）消防应急（疏散）照明灯应设置在墙面或顶棚上，设置在顶棚上的疏散照明灯不应采用嵌入式安装方式。灯具选择、安装位置及灯具间距以满足地面水平最低照度为准；疏散走道、楼梯间的地面水平最低照度，按中心线对称 50% 的走廊宽度为准；大面积场所疏散走道的地面水平最低照度，按中心线对称疏散走道宽度均匀满足 50% 范围为准。

（2）疏散指示标志灯在顶棚安装时，不应采用嵌入式安装方式。安全出口标志灯，应安装在疏散口的内侧上方，底边距地不宜低于 2.0m；疏散走道的疏散指示标志灯具，应在走道及转角处离地面 1.0m 以下墙面上、柱上或地面上设置，采用顶装方式时，底边距地宜为 2.0～2.5m。

设在墙面上、柱上的疏散指示标志灯具间距在直行段为垂直视觉时不应大于 20m，侧向视觉时不应大于 10m，对于袋形走道，不应大于 10m。

交叉通道及转角处宜在正对疏散走道的中心的垂直视觉范围内安装，在转角处安装时距角边不应大于 1m。

（3）设在地面上的连续视觉疏散指示标志灯具之间的间距不宜大于 3m。

（4）一个防火分区中，标志灯形成的疏散指示方向应满足最短距离疏散原则，标志灯设计形成的疏散途径不应出现循环转圈而找不到安全出口。

（5）装设在地面上的疏散标志灯，应防止被重物或受外力损坏，其防水、防尘性能应达到 IP67 的防护等级要求。地面标志灯不应采用内置蓄电池灯具。

（6）疏散照明灯的设置，不应影响正常通行，不得在其周围存放有容易混同以及遮挡疏散标志灯的其他标志牌等。

（7）疏散标志灯的设置位置可按图 4-40 和图 4-41 布置。

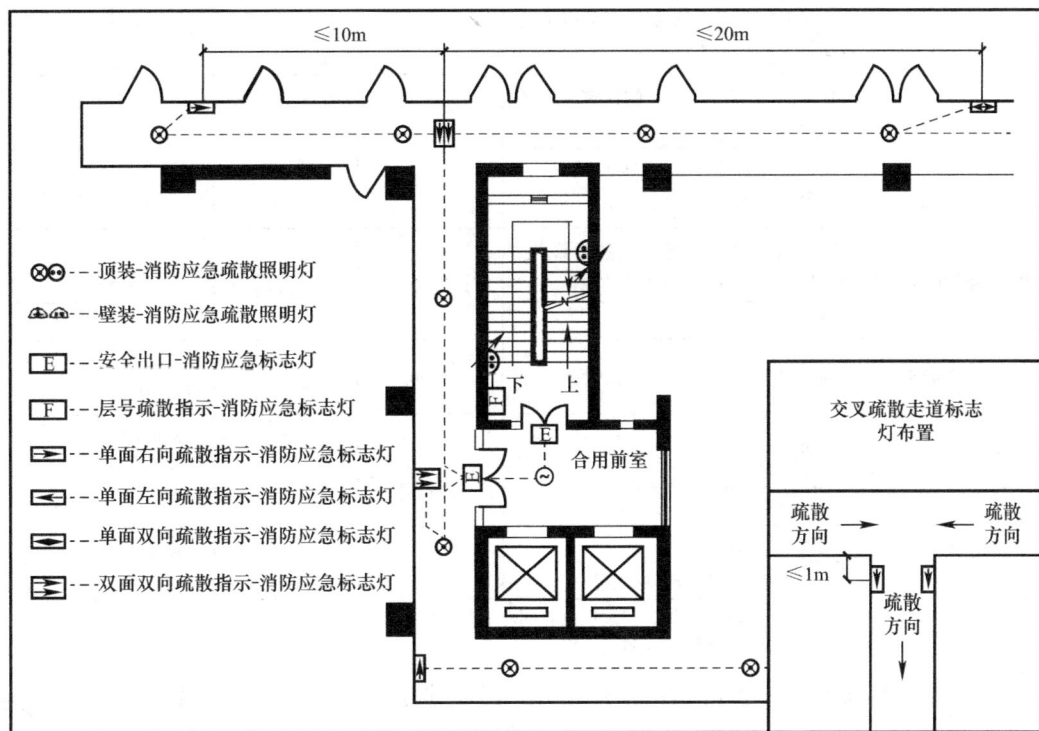

图 4-40　疏散走道、防烟楼梯间及前室疏散照明布置示意

10. 备用照明及疏散照明的最少持续供电时间及最低照度，应符合表 4-2 的规定。

《建筑设计防火规范》GB 50016—2014（2018 年版）针对消防应急照明和消防疏散指示标志的设置作了进一步的规定：

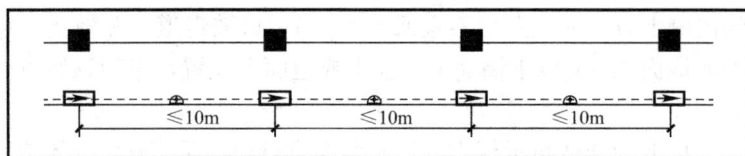

图 4-41　直行疏散走道疏散照明布置示意

消防应急照明最少持续供电时间及最低水平和垂直照度　　　　　表 4-2

区域类别	场所举例	最少持续供电时间（min）		照度（lx）	
		备用照明	疏散照明	备用照明	疏散照明
平面疏散区域	建筑高度 100m 及以上的住宅建筑疏散走道	—	≥90	—	≥1
	建筑高度 100m 及以上公共建筑的疏散走道				≥3
	人员密集场所、老年人照料设施、病房楼或手术部内的前室或合用前室、避难间、避难走道	—	≥60	—	≥10
	医疗建筑、100000m² 以上的公共建筑、20000m² 以上的地下及半地下公共建筑				≥3
	建筑高度 27m 及以上的住宅建筑疏散走道		≥30		≥1
	除另有规定外，建筑高度 100m 以下的公共建筑				≥3
竖向疏散区域	人员密集场所、老年人照料设施、病房楼或手术部内的疏散楼梯间	—	应满足以上3项要求	—	≥10
	疏散楼梯				≥5
航空疏散场所	屋顶消防救护用直升机停机坪	≥90	—	正常照明照度50%	—
避难疏散区域	避难层	≥180 或 ≥120	—	正常照明照度50%	—
消防工作区域	消防控制室、电话总机房		—	正常照明照度	—
	配电室、发电站				
	消防水泵房、防排烟风机房				

注：1. 当消防性能化有时间要求时，最少持续供电时间应满足消防性能化要求；
　　2. 120min 为建筑火灾延续时间为 2h 的建筑物。

（1）除建筑高度小于 27m 的住宅建筑外，民用建筑、厂房和丙类仓库的下列部位应设置疏散照明：

1）封闭楼梯间、防烟楼梯间及其前室、消防电梯间的前室或合用前室、避难走道、避难层（间）。

2）观众厅，展览厅、多功能厅、餐厅，建筑面积大于 200m² 的营业厅、餐厅、演播室等人员密集的场所。

3）建筑面积大于 100m² 的地下或半地下公共活动场所。

4) 公共建筑内的疏散走道。

5) 人员密集的厂房内的生产场所及疏散走道。

（2）建筑内疏散照明的地面最低水平照度应符合下列规定：

1) 对于疏散走道，不应低于 1lx。

2) 对于人员密集场所、避难层（间）不应低于 3.0lx；对于老年人照料设施、病房楼或手术部的避难间，不应低于 10.0lx。

3) 对于楼梯间、前室或合用前室、避难走道不应低于 5.0lx；对于人员密集场所、老年人照料设施、病房楼或手术部内的楼梯间、前室或合用前室、避难走道，不应低于 10.0lx。

（3）消防控制室、消防水泵房、自备发电机房、配电室、防排烟机房以及发生火灾时仍需正常工作的消防设备房应设置备用照明，其作业面的最低照度不应低于正常照明的照度。

（4）疏散照明灯具应设置在出口的顶部、墙面的上部或顶棚上；备用照明灯具应设置在墙面的上部或顶棚上。

（5）公共建筑、建筑高度大于 54m 的住宅建筑、高层厂房（仓库）和甲、乙、丙类单、多层厂房应设置灯光疏散指示标志，并应符合下列规定：

1) 应设置在安全出口和人员密集场所的疏散门的正上方。

2) 应设置在疏散走道及其转角处距地面高度 1.0m 以下的墙面或地面上，灯光疏散指示标志间距不应大于 20m；对于袋形走道，不应大于 10m；在走道转角区，不应大于 1.0m。

（6）下列建筑或场所应在其内疏散走道和主要疏散路线的地面上增设能保持视觉连续的灯光疏散指示标志或蓄光疏散指示标志：

1) 总建筑面积大于 8000m² 的展览建筑。

2) 总建筑面积大于 5000m² 的地上商店。

3) 总建筑面积大于 500m² 的地下或半地下商店。

4) 歌舞娱乐放映游艺场所。

5) 座位数超过 1500 个的电影院、剧院，座位数超过 3000 个的体育馆、会堂或礼堂。

（7）建筑内设置的消防疏散指示标志和消防应急照明灯具，除应符合本规范的规定外，还应符合现行国家标准《消防安全标志》GB 13495—2015 和《消防应急灯具》GB 17945—2010 的规定。

4.9.3　联动控制

（1）集中控制型消防应急照明和疏散指示系统，应由火灾报警控制器或消防联动控制器启动应急照明控制器实现。

（2）集中电源非集中控制型消防应急照明和疏散指示系统，应由消防联动控制器联动应急照明集中电源和应急照明分配电装置实现。

（3）自带电源非集中控制型消防应急照明和疏散指示系统，应由消防联动控制器联动消防应急照明配电箱实现。

当确认火灾后，由发生火灾的报警区域开始，顺序启动全楼疏散通道的消防应急照明和疏散指示系统，系统全部投入应急状态的启动时间不应大于 5s。

4.10 消防控制室

消防控制室是建筑消防系统的信息中心、控制中心、日常运行管理中心和各自动消防系统运行状态监视中心，也是建筑发生火灾和日常火灾演练时应急指挥中心。在有城市远程监控系统的城市，消防控制室也是建筑与监控中心的接口，可见其地位是十分重要的。

单独建造的消防控制室，其耐火等级不应低于二级。附设在建筑内的消防控制室宜设置在建筑内首层的靠外墙部位，亦可设置在建筑物的地下一层，但应用耐火极限不低于2h的隔墙和不低于1.5h的楼板与其他部位隔开，并应设置直通室外的安全出口。

4.10.1 消防控制室设计要求

消防控制室的设计应符合下列规定：

（1）具有消防联动功能的火灾自动报警系统的保护对象中应设置消防控制室。

（2）消防控制室内设置的消防设备应包括火灾报警控制器、消防联动控制器、消防控制室图形显示装置、消防专用电话总机、消防应急广播控制装置、消防应急照明和疏散指示系统控制装置、消防电源监控器等设备或具有相应功能的组合设备。消防控制室内设置的消防控制室图形显示装置应能显示建筑物内设置的全部消防系统及相关设备的动态信息和消防安全管理信息，并应为远程监控系统预留接口，同时应具有向远程监控系统传输有关信息的功能。

（3）消防控制室应设有用于火灾报警的外线电话。

（4）消防控制室应有相应的竣工图纸、各分系统控制逻辑关系说明、设备使用说明书、系统操作规程、应急预案、值班制度、维护保养制度及值班记录等文件资料。

（5）消防控制室送、回风管的穿墙处应设防火阀。

（6）消防控制室内严禁穿过与消防设施无关的电气线路及管路。

（7）消防控制室不应设置在电磁场干扰较强及其他影响消防控制室设备工作的设备用房附近。

（8）消防控制室内设备的布置应符合下列规定：

设备面盘前的操作距离，单列布置时不应小于1.5m；双列布置时不应小于2m。

在值班人员经常工作的一面，设备面盘至墙的距离不应小于3m。

设备面盘后的维修距离不宜小于1m。

设备面盘的排列长度大于4m时，其两端应设置宽度不小于1m的通道。

与建筑其他弱电系统合用的消防控制室内，消防设备应集中设置，并应与其他设备间有明显间隔。

4.10.2 消防控制室图形显示装置的设置要求

（1）消防控制室图形显示装置应设置在消防控制室内，并应符合火灾报警控制器的安装设置要求。

消防控制室图形显示装置可逐层显示区域平面图、设备分布情况，可以对消防信息进行实时反馈、及时处理、长期保存信息，消防控制室内要求24h有人值班，将消防控制室图形显示装置设置在消防控制室可更迅速地了解火情，指挥现场处理火情。

（2）消防控制室图形显示装置与火灾报警控制器、消防联动控制器、电气火灾监控器、可燃气体报警控制器等消防设备之间，应采用专用线路连接。

复习思考题

1. 灭火系统的类型有几种？灭火的基本方法有几种？各有什么特点？
2. 自动喷水灭火系统的功能及分类有哪些？
3. 湿式自动喷水灭火系统主要由哪几部分组成？各起什么作用？工作原理如何？
4. 水流指示器的作用是什么？
5. 简述闭式喷头的工作原理。
6. 叙述压力开关的工作原理。
7. 末端试水装置的作用是什么？
8. 喷淋泵的适用场合？启泵方式有几种？
9. 消防水泵的适用场合？启泵方式有几种？
10. 消火栓报警按钮和手动报警按钮的区别？
11. 防排烟系统有哪些设施，各自的功能是什么？
12. 防火卷帘的控制方式是什么？
13. 消防电梯和普通客梯在发生火灾时的控制方式有什么不同？
14. 防火门的耐火等级如何定义的？
15. 火灾时各防排烟设施是如何联动？
16. 火灾应急广播系统由哪些设备组成？
17. 火灾应急广播的设置场所及相关要求有哪些？
18. 火灾应急广播接通的顺序控制方式是怎样的？
19. 消防专用电话的设置场所及原则是什么？

第 5 章　火灾预警系统

5.1　可燃气体探测报警系统

可燃气体探测报警系统应由可燃气体报警控制器、可燃气体探测器和火灾声光警报器等组成。可燃气体探测报警系统应独立组成，可燃气体探测器不应接入火灾报警控制器的探测器回路；当可燃气体的报警信号需接入火灾自动报警系统时，应由可燃气体报警控制器接入（图 5-1）。

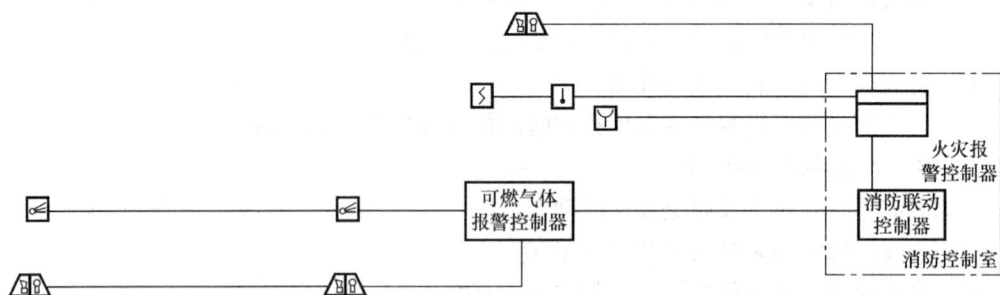

图 5-1　可燃气体探测报警系统

5.1.1　可燃气体探测器

可燃气体探测器目前主要用于宾馆厨房或燃料气储备间、汽车库、压气机站、过滤车间、溶剂库、炼油厂、燃油电厂等存在可燃气体的场所。

1. 可燃气体探测原理

可燃气体的探测原理，按照使用的气敏元件或传感器的不同分为热催化原理、热导原理、气敏原理和三端电化学原理 4 种。热催化原理是指利用可燃气体在有足够氧气和一定高温条件下，发生在铂丝催化元件表面的无烟燃烧，放出热量并引起铂丝元件电阻的变化，从而达到可燃气体浓度探测的目的。热导原理是利用被测气体与纯净空气导热性的差异和在金属氧化物表面燃烧的特性，将被测气体浓度转换成热丝温度或电阻的变化，达到测定气体浓度的目的。气敏原理是利用灵敏度较高的气敏半导体元件吸附可燃气体后电阻变化的特性来达到测量和探测目的。三端电化学原理是利用恒电位电解法，在电解池内安置三个电极并施加一定的极化电压，以透气薄膜将电解池同外部隔开，被测气体透过此薄膜达到工作电极，发生氧化还原反应，从而使得传感器产生与气体浓度成正比的输出电流，达到探测的目的。

采用热催化原理和热导原理测量可燃气体时，不具有气体选择性，通常以体积百分浓度表示气体浓度。采用气敏原理和三端电化学原理测量可燃气体时，具有气体选择性，适用于气体成分检测和低浓度测量，通常以 ppm 表示气体浓度。

可燃气体探测器一般只有点型结构形式，其传感器输出信号的处理方式多采用阈值比较方式。在实际应用中，一般多采用微功耗热催化元件实现可燃气体浓度检测，采用三端电化学元件实现可燃气体成分和有害气体成分检测。

2. 可燃气体探测器在使用过程中应当注意以下几点：

（1）安装位置应当根据待探测的可燃气体性质来确定，若被探测气体为天然气、煤气等较空气轻，极易于飘浮上升，应将可燃气体探测器安装在设备上方或顶棚附近；若被探测气体为液化石油气等较空气重，则应安装在距地面不超过 50cm 的低处；

（2）可燃气体探测器处于长期通电工作状态，应当每月检查一次。现场检查方法是用棉球蘸一点酒精靠近气敏元件，如给出报警（显示），表明工作正常；

（3）催化元件对多种可燃气体几乎有相同的敏感性，所以，在有混合气体存在的场所，它不能作为分辨混合气体组分的敏感元件来使用；

（4）可燃气体敏感元件的理化特性研究表明，硫化物可使元件特性发生变化，且又不能恢复，出现所谓"中毒"现象。所以，可燃气体敏感元件需防"中毒"，并且避免直接油浸或油垢污染，也不能在有酸、碱腐蚀性气体中长期使用。

3. GST-BT（R）001M 型点型可燃气体探测器

（1）特点

GST-BT（R）001M 点型可燃气体探测器采用半导体气敏元件，工作稳定，采用吸顶与底座旋接安装方式，安装简单，接线方便，用于家庭、宾馆、公寓等存在可燃气体的场所进行安全监控。该系列探测器品种齐全，可以检测天然气（T）、人工煤气（R）。采用 DC24V 供电。可提供一对有源触点用于直接控制煤气管道电磁阀。

（2）主要技术指标

检测元件：半导体自然扩散式。

工作电压：DC24V，允许范围 DC12V～DC28V。

功耗：GST-BT001M：正常监视≤0.8W，报警状态≤3W。

　　　　GST-BR001M：正常监视≤1.5W，报警状态≤4W。

报警浓度：天然气（BT 系列）：$5000×10^{-6}$（10%LEL）。

　　　　　人工煤气（BR 系列）：$400×10^{-6}$（1%LEL）。

预热时间：3～6min。

报警方式：红色指示灯紧急闪烁，并伴有间歇蜂鸣声。

有源触点：适用于 DC12V 单向直流脉冲电磁阀，电磁阀驱动能力：$1000\mu F$ 电容放电。

使用环境：温度：-10～+50℃，相对湿度≤95%，不结露。

编码方式：十进制电子编码。

外形尺寸：直径：108mm，高：55mm。

（3）结构特征、安装与布线

GST-BT（R）001M 点型可燃气体探测器由两部分构成：探测器及底座，示意图如图 5-2 所示。

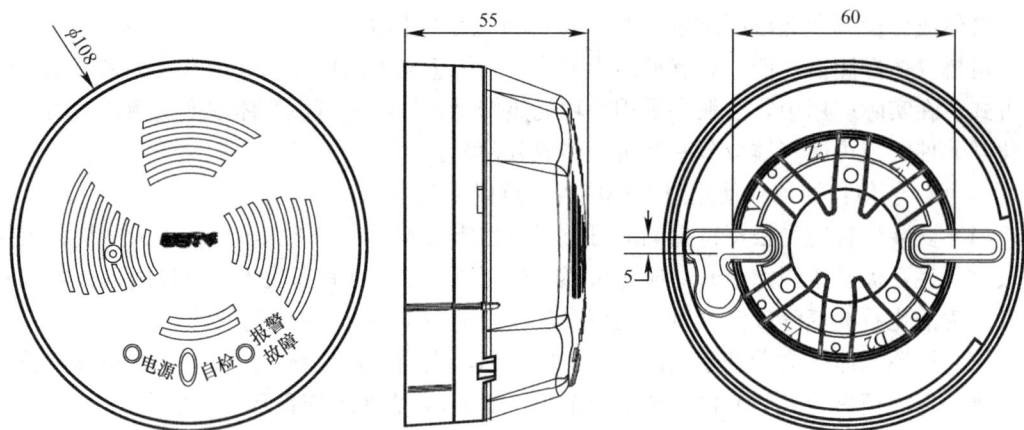

图 5-2　可燃气体探测器外形结构示意图

安装与接线：

首先将探测器底座固定在 86H50 预埋盒上，然后根据接线端子说明，将引线固定到底座上，再将探测器安装到底座上，其安装示意图如图 5-3 所示。

其对外接线端子示意图如图 5-4。

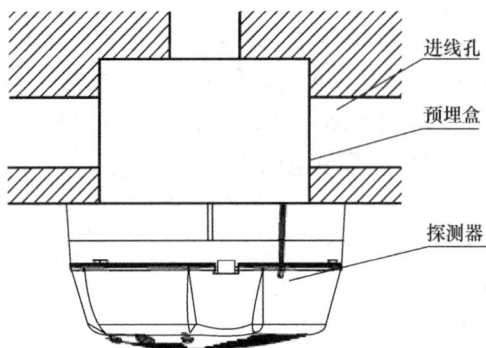

图 5-3　可燃气体探测器安装示意图

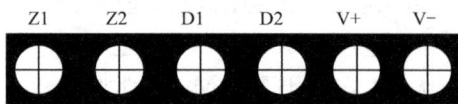

图 5-4　可燃气体探测器对外接线端子示意图

其中：

D1、D2：接电源总线，无极性。

Z1、Z2：接信号总线，无极性。

V＋、V－：接管道电磁阀，探测器连续报警 3～7s 后，V＋、V－之间输出一个正向 12V 脉冲。

布线要求：信号线 Z1、Z2 及 V＋、V－可选用截面积大于等于 1.0mm² 的阻燃 RVS 型铜芯线；电源线 D1、D2、应选用截面积大于等于 2.5mm² 的阻燃 BV 型线。

4. 可燃气体探测器的设置要求

（1）探测气体密度小于空气密度的可燃气体探测器应设置在被保护空间的顶部，探测气体密度大于空气密度的可燃气体探测器应设置在被保护空间的下部，探测气体密度与空气密度相当时，可燃气体探测器可设置在被保护空间的中间部位或顶部。

（2）可燃气体探测器宜设置在可能产生可燃气体部位附近。

（3）可燃气体探测器的探护半径应符合现行国家标准的相关规定。

（4）线型可燃气体探测器的保护区域长度不宜大于60m。

5.1.2 可燃气体报警系统的设计要求

（1）可燃气体探测报警系统应独立组成，可燃气体探测器不应接入火灾报警控制器的探测器回路；当可燃气体的报警信号需接入火灾自动报警系统时，应由可燃气体报警控制器接入。

（2）可燃气体探测器的报警信号应接入消防控制室。可燃气体报警控制器的报警信息和故障信息，应在消防控制室图形显示装置或起集中控制功能的火灾报警控制器上显示，但该类信息与火灾报警信息的显示应有区别。

（3）可燃气体报警控制器发出报警信号时，应能启动保护区域的火灾声光警报器。

（4）可燃气体探测报警系统保护区域内有联动和警报要求时，应由可燃气体报警控制器或消防联动控制器联动实现。

（5）当有消防控制室时，可燃气体报警控制器可设置在保护区域附近；当无消防控制室时，可燃气体报警控制器应设置在有人值班的场所。

（6）可燃气体报警控制器的设置应符合火灾报警控制器的安装设置要求。

5.2 电气火灾监控系统

电气火灾发生的原因可能是多种因素造成的，其中相当部分是由于供电线路绝缘老化以及连接处接触不良造成。一般电气火灾监控系统主要探测供电线路的剩余电流和温度的变化，对应有剩余电流式电气火灾监控探测器和测温式电气火灾监控探测器。电气火灾监控系统可以长期不间断地实时监测供电线路剩余电流和温度的变化，随时掌握电气线路或电气设备绝缘性能的变化趋势，当剩余电流过大或温度异常变化超过报警限值时，立即报警并指出报警部位，以便及时排除故障点，对电气火灾起到预警作用。可以说电气火灾监控系统真正做到防微杜渐、防患于未然，是一种电气火灾预防的手段，是作用于电气火灾发生前的一种实时监控系统，得到了国内外的一致认可和大量推广。

电气火灾监控系统应由电气火灾监控器、剩余电流式电气火灾监控探测器、测温式电气火灾监控探测器等部分或全部设备组成。

5.2.1 剩余电流式电气火灾监控探测器

1. 探测原理

剩余电流式探测器的传感器为剩余电流互感器，在线路与电气设备正常的情况下（假定不考虑不平衡电流，无接地故障，且不考虑线路、电器设备正常工作的泄漏电流），理论上 A、B、C、N 各相电流的矢量和等于零，剩余电流互感器二次侧绕组无电压信号输出。当发生绝缘下降或接地故障时的各相电流的矢量和不为零，故障电流使剩余电流互感器的环形铁芯中产生磁通，二次侧绕组感应电压并输出电压信号，从而测出剩余电流。考虑电气线路的不平衡电流、线路和电气设备正常的泄漏电流，实际的电气线路都存在正常的剩余电流，只有检测到剩余电流达到报警值时才报警。

2. 设置原则

（1）剩余电流式电气火灾监控探测器应以设置在低压配电系统首端为基本原则，宜设置在第一级配电柜（箱）的出线端。在供电线路泄漏电流大于500mA时宜在其下一级配电柜（箱）设置。

（2）剩余电流式电气火灾监控探测器不宜设置在 IT 系统的配电线路和消防配电线路中。

（3）选择剩余电流式电气火灾监控探测器时，应计及供电系统自然漏流的影响，并应选择参数合适的探测器；探测器报警值宜为 300～500mA。

（4）具有探测线路故障电弧功能的电气火灾监控探测器，其保护线路的长度不宜大于 100m。

3. 产品实例

DH-GSTN5100 系列剩余电流式电气火灾监控探测器（以下简称探测器）均为一体式单路探测器，包含闭口圆孔型和闭口方孔型共 9 种规格，与该公司的 GST-DH9000 系列电气火灾监控设备等构成电气火灾监控报警系统，适用于对各级保护对象的配电室低压输出侧或配电柜、总配电箱、一二级配电箱等处供电线路的剩余电流的实时监测（图 5-5～图 5-7）。

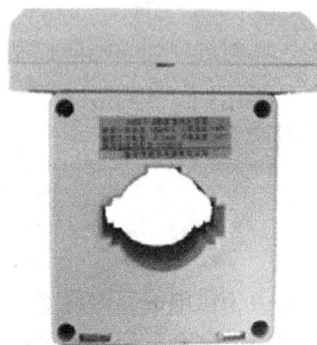

图 5-5　DH-GSTN5100/3 剩余电流式电气火灾监控探测器　　图 5-6　DH-GSTN5100/11 剩余电流式电气火灾监控探测器　　图 5-7　DH-GSTN5100/12 剩余电流式电气火灾监控探测器

产品规格：

（1）工作电压：总线 24V，无极性。

（2）工作电流＜DC3mA。

（3）剩余电流报警设定值：

DH-GSTN5100/3/5/7：50～1000mA 调节精度 1mA。

DH-GSTN5100/9/11/12F：200～1000mA 调节精度 1mA。

DH-GSTN5100/22F/40F/50F：300～1000mA 调节精度 1mA。

（4）主回路：电流 0～2000A 多种规格可选，电压＜AC660V。

（5）报警响应时间≤30s。

（6）使用环境：温度：－10～＋40℃相对湿度≤95％，不凝露。

（7）外壳防护等级：IP30。

（8）总线通信地址采用电子编码器编码方式，占 1 个编码点（1～242）。

图 5-8　探测器接线端子

（9）执行标准：《电气火灾监控系统 第 2 部分：剩余电流式电气火灾监控探测器》GB 14287.2—2014。

探测器接线端子如图 5-8 所示。

Z1、Z2：与监控设备的总线连接，无极性，通信接口，工作电源输入端。

布线要求：总线采用阻燃双绞线，导体截面积在 1.0～2.5mm²。

5.2.2　测温式电气火灾监控探测器

1. 探测原理及设置要求

测温式探测器以工业级热敏电阻为传感元件，通过检测传感器阻值变化实现其固定位置（线路接驳处或电缆）的温度测量，且当达到报警设定值时进行报警。

测温式电气火灾监控探测器应设置在电缆接头、端子、重点发热部件等部位。保护对象为 1000V 及以下的配电线路，测温式电气火灾监控探测器应采用接触式布置；保护对象为 1000V 以上的供电线路，测温式电气火灾监控探测器宜选择光栅光纤测温式或红外测温式电气火灾监控探测器，光栅光纤测温式电气火灾监控探测器应直接设置在保护对象的表面。

2. 产品实例（图 5-9）

DH-GSTN5201 测温式电气火灾监控探测器（以下简称探测器）与该公司的 GST-DH9000 系列电气火灾监控设备等配接，构成电气火灾监控系统，能够对线缆或配电柜内部的温度在 0℃～140℃范围内实时监测。探测器由信号处理单元和测温传感器两部分构成，其中信号处理单元可以采用螺钉固定或者导轨安装方式；而测温传感器采用表面安装方式，便于安装使用。

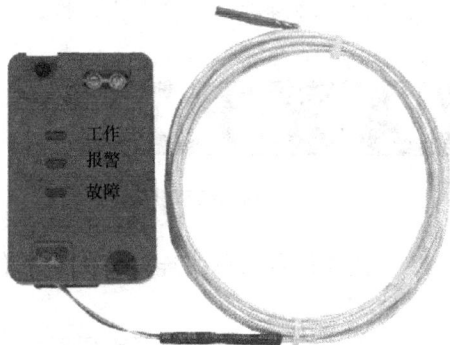

图 5-9　产品实例

产品规格：

(1) 工作电压：总线 24V，无极性。

(2) 工作电流≤DC2mA。

(3) 额定报警温度：45～140℃，调节精度 1℃。

(4) 总线接口：24V，无极性。

(5) 报警响应时间≤40s。

(6) 使用环境：温度：−10～+40℃相对湿度≤95%，不结露。

(7) 编码方式：电子编码器编码。

Z1、Z2：无极性，接电气火灾监控设备的总线，通信，总线供电，如图 5-10 所示。

T1、T2：无极性，接温度传感器，采集温度传感器的信号，如图 5-11 所示。

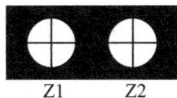

图 5-10　接电气火灾监控设备　　　　图 5-11　接温度传感器

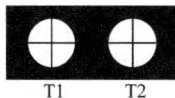

布线要求：

总线：采用阻燃双绞线，截面积不小于 1.0mm²。

温度传感器电缆线：布线时应尽量避开大电流功率母线、大功率变压器及电抗器等强磁场元器件，并与箱体内所有其他金属部件（含箱体外壳）绝缘。

5.2.3　系统实例

电气火灾监控设备与多个探测器通过二总线构成一个完整的数字化总线通信系统。电气火灾监控设备通过二总线与探测器连接，通过现场总线向探测器发出巡检命令，接收探测器的状态信息（报警、故障、剩余电流/温度值），当电气火灾监控设备监测异常信息时，进行声光报警并显示相应信息和信息类型。电气火灾监控设备还可通过 RS232 串行通信将信息传给图形显示系统，图形显示各种信息，并将信息数据储存在其数据库中，以备日后查询。

1. GST-DH9600 隔离器

在总线制电气火灾监控系统中，往往会出现某一局部总线出现故障（例如短路）造成整个监控系统无法正常工作的情况。隔离器的作用是，当总线发生短路故障时，将发生故障的总线部分与整个系统隔离开来，以保证系统的其他部分能够正常工作，同时便于确定出发生故障的总线部位。GST-DH9600 隔离器反应灵敏，响应时间短，采用模块式结构，安装简单，维修方便，具有指示灯，隔离状态明确醒目（图 5-12）。

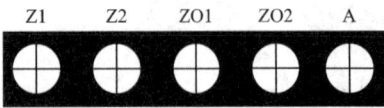

图 5-12　隔离器接线

其中：

A：扩容端子；

Z1、Z2：无极性信号二总线输入端子；

ZO1、ZO2：无极性信号二总线输出端子。

布线要求：

直接与信号二总线连接，无需其他布线。可选用截面积不小于 $1.0mm^2$ 的 ZR-RVS 双绞线。

2. GST-BMQ-2 型电子编码器

电子编码器是电气火灾监控探测器的设定工具。通过电子编码器，可以读写探测器的地址编码、读写探测器剩余电流的报警值。电子编码器具有操作简单、显示直观，易学易用的优点，是电气火灾监控系统现场调试常用的工具。

产品规格：

（1）工作电压：DC9V。

（2）工作电流≤8mA。

（3）待机电流≤100μA。

（4）使用环境：温度：－10～＋50℃相对湿度≤95％，不结露。

3. GST-DH9000 壁挂式电气火灾监控设备

（1）产品规格

1）液晶屏规格：320×240 点，5.7 寸单色液晶。

2）电气火灾监控设备容量：最大 4 路总线，每路总线可带 128 个电气火灾探测器，512 点。

3）线制：电气火灾监控设备与剩余电流式电气火灾监控探测器采用无极性信号二总线连接。

4）使用环境：温度：0～＋40℃相对湿度≤95％，不结露。

5）电源：

主电：交流 220V 电压变化范围＋10％～－15％。

备电：DC24V 密封铅酸蓄电池。

6）功耗：最大 80W。

（2）接线（图 5-13）

L、G、N：交流 220V 接线端子及交流接地端子；ZN-1、ZN-2（N：回路号）：探测器总线（无极性）；

图 5-13　接线端子图

O1、O2：报警信号输出，常开触点，报警时闭合，触点容量 DC24V/1A；

RXD、TXD、GND：标准 RS232 接口，连接 CRT 系统的接线端子；

A、B：标准 RS485 或 CAN 接口，使用 CAN 接口时 A 对应 CANH，B 对应 CANL，电气火灾监控设备联网的通信总线端子。

（3）布线要求

探测器总线接口：采用 ZR-RVS 双绞线，截面积不小于 1.0mm²；长度小于 1500m；

报警信号输出接口：采用 ZR-BV 线，截面积不小于 1.0mm²；

RS232 接口：随主机提供，长度小于 15m；

电气火灾监控设备联网 485 接口：采用 ZR-RVVPS 双绞线，截面积不小于 1.0mm²；长度小于 1000m。

电气火灾监控设备联网 CAN 接口：采用 ZR-RVVPS 双绞线，截面积不小于 1.0mm²；长度小于 3000m。

（4）系统图

系统图见图 5-14。

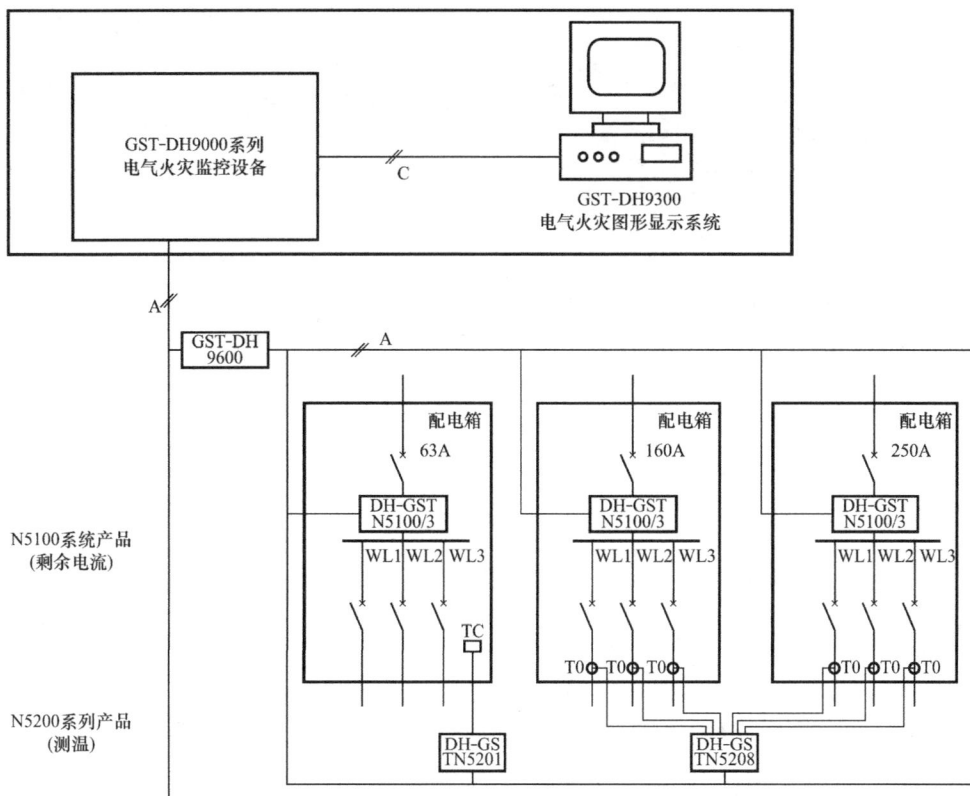

图 5-14　系统图

复习思考题

1. 在安装可燃气体探测器时，需要注意什么？
2. 电气火灾监控主要探测的参数是什么？相对应的探测器是什么？

第6章 系统供电及布线

6.1 消防用电设备及负荷等级

6.1.1 消防电源

消防电源是指在火灾时能保证消防用电设备继续正常运行的电源。

消防电源的负荷等级应满足建筑物最高负荷等级的要求。

一般情况下，根据消防用电设备在火灾时起到的作用不同，保证消防电源正常运行的时间及电源要求也不同。例如：

火灾自动报警系统，它的功能是实时预测电气火灾、探测火灾的发生，并在火灾发生的初期就能及时发出报警信号，并联动相关的消防设备。因此火灾自动报警系统的主电源根据建筑物的不同情况，宜按一级或二级负荷来考虑（首先应满足建筑物最高负荷等级要求）；当火灾自动报警系统有 CRT 显示器、计算机主机、消防通信设备、火灾应急广播等装置时，为了防止突然断电而造成以上装置不能正常工作，其主电源宜采用 UPS 不间断供电电源。

火灾疏散照明，其作用是火灾时人员的应急疏散，人员一旦应急疏散完成，它的作用也结束，因此我们国家设计规范中明确规运必须保证火灾时高层及单、多层建筑火灾疏散照明连续供电时间不小于 20min，超高层民用建筑火灾疏散照明连续供电时间不小于 30min，火灾疏散照明的电源除正常的消防电源供电外，很多大型复杂的建筑物往往还设置 EPS（应急电源）或在灯具内带可以充放电的蓄电池，以保证并提高其消防电源的安全性和可靠性。

火灾备用照明（避难层、屋顶直升机停机坪照明除外）的连续供电时间应满足建筑不同场所的火灾延续时间（2h、3h 不等）。

消防电梯、防排烟风机、避难层（间）火灾备用照明和屋顶直升机停机坪火灾备用照明（包括航空障碍灯），其供电时间应不小于 1.0h。

消防水泵是火灾时灭火的重要设备，其电源必须重点保证。因此消防水泵电源除满足消防电源负荷等级要求外，同样也对供电时间提出了应满足建筑不同场所的火灾延续时间的要求：

（1）室内消火栓给水系统应满足建筑不同场所的火灾延续时间（2h、3h 不等）；

（2）自动喷水灭火系统应不少于 1h（代替防火墙的防火卷帘两侧设独立的闭式自动喷水系统保护时，系统喷水延续时间应不少于 3h）。

6.1.2 消防用电设备

消防用电设备是在火灾时用于消防灭火或保证人员疏散（逃生）以及为消防队员提供服务的用电设备。

消防用电主要是指：消防控制室、消防水泵、消防电梯、防烟排烟设施、火灾自动报警系统、消防广播、自动灭火系统、火灾应急照明以及电动的防火门、防火窗、防火阀门、防火卷帘等的用电。

有些消防用电设备是火灾与平时兼用的，例如有些工程的防排烟风机平时兼用于送风和排风；有些工程的消防电梯平时兼用于客梯。类似这些消防用电设备在设置时，既要满足火灾时的消防功能要求，同时也要满足平时的正常运行功能要求，并且一旦发生火灾，应强制性切换到消防功能，即满足消防优先的原则。

6.1.3 负荷等级

1. 电力负荷分级

根据现行国家标准《供配电系统设计规范》GB 50052—2009 对一级负荷、二级负荷、三级负荷的定义如下：

电力负荷应根据对供电可靠性的要求及中断供电在对人身安全、经济损失上所造成的影响程度进行分级，并应符合下列规定：

（1）符合下列情况之一时，应视为一级负荷。

1）中断供电将造成人身伤害时。

2）中断供电将在经济上造成重大损失时。

3）中断供电将影响重要用电单位的正常工作。

（2）在一级负荷中，当中断供电将造成人员伤亡或重大设备损坏或发生中毒、爆炸和火灾等情况的负荷，以及特别重要场所的不允许中断供电的负荷，应视为一级负荷中特别重要的负荷。

（3）符合下列情况之一时，应视为二级负荷。

1）中断供电将在经济上造成较大损失时。

2）中断供电将影响较重要用电单位的正常工作。

（4）不属于一级和二级负荷者应为三级负荷。

2. 消防用电设备的负荷分级

消防用电设备的负荷等级划分除了需要满足《供配电系统设计规范》的规定外，还要根据扑救难度、使用性质、建筑物的重要性、人员的密集度以及火灾危险性等因素进行综合考虑。《建筑设计防火规范》GB 50016—2014（2018 年版）对消防用电设备的负荷等级划分如下：

（1）下列建筑物、储罐（区）和堆场的消防用电应按一级负荷供电：

建筑高度大于 50m 的乙、丙类厂房和丙类仓库；

一类高层民用建筑。

（2）下列建筑物、储罐（区）和堆场的消防用电应按二级负荷供电：

1）室外消防用水量大于 30L/s 的厂房（仓库）；

2）室外消防用水量大于 35L/s 的可燃材料堆场、可燃气体储罐（区）和甲、乙类液体储罐（区）；

3）仓库及粮食简仓；

4）二类高层民用建筑；

5）座位数超过 1500 个的电影院、剧场，座位数超过 3000 个的体育馆，任一层建筑面积大于 3000m³ 的商店和展览建筑，省（市）级及以上的广播电视、电信和财贸金融建筑，室外消防用水量大于 25L/s 的其他公共建筑。

（3）除第（1）、（2）条外的建筑物、储罐（区）和堆场等的消防用电，可按三级负荷供电。

3. 消防用电设备的供电方式

（1）火灾自动报警及其联动设备的供电方式

火灾自动报警系统，应由主电源和直流备用电源供电。当系统的负荷等级为一级或二级负荷供电时，主电源应由消防双电源配电箱引来，直流备用电源宜采用火灾报警控制器的专用蓄电池组或集中设置的蓄电池组。当直流备用电源为集中设置的蓄电池时，火灾报警控制器应采用单独的供电回路，并应保证在消防系统处于最大负载状态下不影响报警控制器的正常工作。

建筑物（群）的消防用电设备供电，应符合下列规定：

1）建筑高度 100m 及以上的高层建筑，低压配电系统宜采用分组设计方案；

2）消防用电负荷等级为一级负荷中特别重要负荷时，应由一段或两段消防配电干线与自备应急电源的一个或两个低压回路切换，再由两段消防配电干线各引一路在最末一级配电箱自动转换供电；

3）消防用电负荷等级为一级负荷时，应由双重电源的两个低压回路或一路市电和一路自备应急电源的两个低压回路在最末一级配电箱自动转换供电；

4）消防用电负荷等级为二级负荷时，应由一路 10kV 电源的两台变压器的两个低压回路或一路 10kV 电源的一台变压器与主电源不同变电系统的两个低压回路在最末一级配电箱自动切换供电；

5）消防用电负荷等级为三级负荷时，消防设备电源可由一台变压器的一路低压回路供电或一路低压进线的一个专用分支回路供电；

6）消防末端配电箱应设置在消防水泵房、消防电梯机房、消防控制室和各防火分区的配电小间内；各防火分区内的防排烟风机、消防排水泵、防火卷帘等可分别由配电小间内的双电源切换箱放射式、树干式供电。

消防水泵、消防电梯、消防控制室等的两个供电回路，应由变电所或总配电室放射式供电。消防水泵、防烟风机和排烟风机不得采用变频调速器控制。民用建筑内的消防水泵不宜设置自动巡检装置。

消防系统配电装置，应设置在建筑物的电源进线处或配变电所处，其应急电源配电装置宜与主电源配电装置分开设置。当分开设置有困难，需要与主电源并列布置时，其分界处应设防火隔断。消防系统配电装置应有明显标志。

当一级消防应急电源由低压发电机组提供时，应设自动启动装置，并应在 30s 内供电。当采用高压发电机组时，应在 60s 内供电。当二级消防应急电源由低压发电机组提供，且自动启动有困难时，可手动启动。

消防用电设备配电系统的分支干线宜按防火分区划分，分支线路不宜跨越防火分区。除消防水泵、消防电梯、消防控制室的消防设备外，各防火分区的消防用电设备，应由消防电源中的双电源或双回线路电源供电，并应满足下列要求：

1）末端配电箱应安装于防火分区的配电小间或电气竖井内；

2）由末端配电箱配出引至相应设备或其控制箱，宜采用放射式供电。对于作用相同、性质相同且容量较小的消防设备，可视为一组设备并采用一个分支回路供电。每个分支回路所供设备不应超过 5 台，总计容量不宜超过 10kW。

公共建筑物顶层，除消防电梯外的其他消防设备，可采用一组消防双电源供电。由末端配电箱引至设备控制箱，应采用放射式供电。

当不大于 54m 的普通住宅消防电梯兼作客梯且两类电梯共用前室时，可由一组消防双电源供电。末端双电源自动切换配电箱，应设置在消防电梯机房间，由配电箱至相应设备应采用放射式供电。

除防火卷帘的控制箱外，消防用电设备的配电箱和控制箱应安装在机房或配电小间内与火灾现场隔离。

（2）应急照明系统的供电方式

1）疏散照明应由主电源和蓄电池组供电，当疏散照明为二级负荷及以上时，主电源由双电源自动转换箱供给，蓄电池组（EPS）可分区集中设置，也可分散附设于灯具内；为疏散照明供电的双电源自动转换箱、配电箱和 EPS 箱应安装于防火分区的配电小间内或电气竖井内。

2）当楼层有多个防火分区时，宜由楼层配电室或变电所引双回路电源树干式为各防火分区内的疏散照明双电源配电箱供电。在各防火分区配电间设置疏散照明配电箱，电源由双电源配电箱供给，疏散照明配电箱配出的分支回路不宜跨越防火分区。

3）当疏散照明配电箱在配电小间或电缆竖井内安装，竖向供电时，每个配电箱可为多个楼层的疏散照明灯供电。

4）当疏散照明负荷为三级负荷时，宜由独立的消防疏散照明配电箱供电，可选内附蓄电池组的疏散照明灯具。

5）高层建筑楼梯间疏散照明灯和标志灯，宜采用应急照明配电箱的分支回路竖向供电。

6）疏散照明除按负荷分级供电外，尚应在灯具内或集中设置蓄电池组供电。

7）备用照明可与疏散照明共用双电源配电箱或疏散照明配电箱。当市电满足供电要求时，不应采用蓄电池组供电；当市电不能满足供电要求设有发电机组时，消防设备机房可设内附蓄电池的过渡照明灯。

8）同一防火分区内的备用照明和疏散照明，不应由应急照明配电箱的同一分支回路供电；疏散照明灯和疏散标志灯可共管敷设，严禁在应急照明灯具供电的分支回路上连接插座。

6.2 应急电源

《供配电系统设计规范》GB 50052—2009 中规定，下列电源可作为应急电源：
（1）独立于正常电源的发电机组。
（2）供电网络中独立于正常电源的专用的馈电线路。
（3）蓄电池。
（4）干电池。
应急电源应根据允许中断供电的时间选择，并应符合下列规定：

第 6 章　系统供电及布线

（1）允许中断供电时间为 15s 以上的供电，可选用快速自启动的发电机组。

一类高层建筑自备发电设备，应设有自动启动装置，并能在 30s 内供电。二类高层建筑自备发电设备，当采用自动启动有困难时，可采用手动启动装置。

上述作为应急电源的自备发电机组应独立于正常电源。

（2）自投装置的动作时间能满足允许中断供电时间的，可选用带有自动投入装置的独立于正常电源之外的专用馈电线路。

（3）允许中断供电时间为毫秒级的供电，可选用蓄电池静止型不间断供电装置或柴油机不间断供电装置。

根据上述选择原则，在高层民用建筑中，为了提高消防电气的安全性和可靠性，除了两路城市电网引来的电源能满足消防电气设备的供电要求外，很多大型、重要建筑物往往还选择应急发电机组作为整个建筑物的应急电源，用于整个建筑物的消防用电设备的备用电源。还有许多建筑物选择 EPS（应急电源）或选择消防应急灯具自带蓄电池作为火灾疏散照明的备用电源。

下面介绍两种常用的应急电源。

1. 应急发电机组

应急发电机组往往用于整个建筑物消防用电设备的总应急电源。允许中断供电时间为秒级别，一类高层建筑应采用自启动的应急发电机组，启动时间不应大于 30s，二类高层建筑当采用自动启动装置有困难时，可采用手动启动装置。

应急发电机组的容量应满足整个建筑物内所有消防设备同时运行时的容量要求。当应急发电机组兼作其他重要设备的备用电源时，还应考虑备用电源的容量，但不是同时使用。例如，高级宾馆重要场所的照明等，当正常城市电源失电时，可利用应急发电机组来保证这些重要场所的正常供电，保持正常营业，但是，此时有火警时，应强制性切除这些设备的电源、自动切换到消防用电设备上，保证消防设备的紧急运行。

应急发电机组设置的位置及供电电压选择应符合以下要求：

（1）接近负荷中心，一般设在变配电所附近。应急发电机组一般采用 AC230V/400V 低压供电，并应考虑低压供电的半径。当建筑物体型很大，消防用电设备很多并且分散时，可采用高压应急发电机组供电。

（2）民用建筑可以将应急发电机组设置在地下室，但应考虑消防、通风、设备运输等要求，机房内应设置储油间，其总储存量不应超过 8h 的需要量。

2. EPS 应急电源

EPS 应急电源是平时以市电给蓄电池充电，市电失电后利用蓄电池放电而继续供电的应急电源装置。放电的时间和放电电流取决于蓄电池的安时容量。

EPS 应急电源主要适用于：

（1）整个建筑物消防用电设备容量不大，例如 100kW 以下，采用 EPS 从经济和技术上较为合理。

（2）一般用于火灾疏散照明系统。EPS 根据建筑物的不同需要，可设置在总配电间或接楼层配电间设置，对火灾疏散照明进行供电，代替原来火灾疏散照明灯具（包括疏散指示标志）内的蓄电池。火灾疏散照明采用 EPS 应急电源供电与自带蓄电池的照明灯具（包括疏散指示标志）相比，具有节省初期投资、降低运行管理费用、电源可以集中故障监视报警等优点，但如果 EPS 出现故障，影响面大。

（3）对消防水泵等电动机负载。如果使用 EPS 作为应急电源，在选择时要考虑电动机启动时的冲击电流对蓄电池的影响（有些产品针对不同的电动机启动方式特殊处理），并且 EPS 的连续供电时间必须满足消防要求。

（4）EPS 的总容量应大于安装容量中最大回路的启动容量＋其他回路额定工作容量。各种消防设备应急回路启动容量为：

1）电动机的直接启动电流为额定电流的 6～10 倍，EPS 的额定启动容量应大于电动机额定功率 7 倍以上（主要是整流设备的额定容量）。

2）电动机为软启动、星三角启动、自耦降压启动时，EPS 的额定启动容量应大于电动机额定功率的 3 倍以上。

3）当电动机为变频启动时，EPS 的额定启动容量可以等于电动机的额定功率。

6.3　一般规定

（1）火灾自动报警系统应设置交流电源和蓄电池备用电源。

（2）火灾自动报警系统的交流电源应采用消防电源，备用电源可采用火灾报警控制器和消防联动控制器自带的蓄电池电源或消防设备应急电源。当备用电源采用消防设备应急电源时，火灾报警控制器和消防联动控制器应采用单独的供电回路，并应保证在系统处于最大负载状态下不影响火灾报警控制器和消防联动控制器的正常工作。

（3）消防控制室图形显示装置、消防通信设备等的电源，宜由 UPS 电源装置或消防设备应急电源供电。

（4）火灾自动报警系统主电源不应设置剩余电流动作保护和过负荷保护装置。

（5）消防设备应急电源输出功率应大于火灾自动报警及联动控制系统全负荷功率的 120%，蓄电池组的容量应保证火灾自动报警及联动控制系统在火灾状态同时工作负荷条件下连续工作 3h 以上。

（6）消防用电设备应采用专用的供电回路，其配电设备应设有明显标志。其配电线路和控制回路宜按防火分区划分。

6.4　消防配线

消防线路的导线选择及其敷设，应满足火灾时连续供电或传输信号的需要。消防联动控制设备的直流电源电压应采用 24V。

6.4.1　电线电缆的分类

电线电缆根据其本身具有的燃烧特性分为普通电线电缆、阻燃电线电缆、耐火电线电缆、无卤低烟电线电缆以及矿物绝缘电缆。

（1）阻燃电线电缆

阻燃电线电缆应具有阻燃特性，即难以着火并具有阻止或延缓火焰蔓延能力的电线电缆。主要通过电缆在受火条件下的火焰蔓延、热释放和产烟特性进行主分级，同时针对不同使用场所和用户需求还从电缆在受火条件下产烟毒性、腐蚀性等方面进行附加分级，可分为 A、B_1、B_2、B_3 级，全面考量电缆的安全性能，更能反映电缆的整体阻燃性能，如表 6-1 所示。

阻燃电线电缆特性 表 6-1

阻燃级别	供火时间（min）	试验容量（L/m）	合格判定	
			焦化高度（m）	自熄时间（min）
A	40	7	≤2.5	≤60
B	40	3.5	≤2.5	≤60
C	20	1.5	≤2.5	≤60
D	20	0.5	≤2.5	≤60

注：D 级标准只适用于自径≤12mm 的电线电缆。

（2）耐火电线电缆

耐火电线电缆应具有耐火的特性，即在规定温度和时间的火焰燃烧下仍能保持线路完整性的电线电缆。耐火电线电缆的主要功能是在绝缘和护套层被火燃蚀后，靠缠包在铜导体上的云母耐火带保护而继续通电一段时间。通常指通过 GB/T 19216.11—2003 和 GB/T 19216.21—2003 试验合格的电线电缆。

耐火电线电缆根据其非金属材料的阻燃性能，可分为阻燃耐火电线电缆和非阻燃耐火电线电缆。

如果耐火电线电缆不在其绝缘和护套层添加阻燃剂，则它是不具备阻燃特性的，因为耐火试验的标准不考核耐火电线电缆的阻燃特性。而在实际工程使用中，电缆往往是成束敷设的，在这种情况下，应该考虑到非阻燃的耐火电缆在火灾时有延燃性，所以应选择具有阻燃特性的耐火电线电缆。

（3）无卤低烟电线电缆

无卤低烟电线电缆分为无卤低烟阻燃电线电缆和无卤低烟阻燃耐火电线电缆。

无卤低烟阻燃电线电缆应具有无卤、低烟及阻燃的性能，即材料不含卤素，燃烧时产生的烟尘较少并且具有阻止或延缓火焰蔓延的电线电缆。

无卤低烟阻燃耐火电线电缆应具有无卤、低烟、阻燃以及耐火的性能，即材料不含卤素，燃烧时产生的烟尘较少并且能阻止或延缓火焰蔓延，可保持线路完整性的电线电缆。

（4）矿物绝缘电缆

矿物绝缘电缆分为刚性和柔性两种。刚性矿物绝缘电缆是指用矿物（如氧化镁）作为绝缘的电缆，通常由铜导体、矿物绝缘、铜护套构成，而柔性矿物绝缘电缆是由铜绞线、矿物化合物绝缘和护套构成。矿物绝缘电缆不含有机材料，具有不燃、无烟、无毒和耐火特性。矿物绝缘电缆除应通过《在火焰条件下电缆或光缆的线路完整性试验 第 11 部分：试验装置火焰温度不低于 750℃ 的单独供火》GB/T 19216.11—2003 和《在火焰条件下电缆或光缆的线路完整性试验 第 21 部分：试验步骤和要求 额定电压 0.6/1.0kV 及以下电缆》GB/T 19216.21—2003 的耐火实验外，还应具有一定抗喷淋水和抗机械撞击能力。

矿物绝缘电缆可采用有机材料包覆作为外护套，但其外护套应满足无卤、低烟、阻燃的要求。

6.4.2 电线电缆的选用

（1）普通电线电缆的选用

用于普通设备线路的电线在穿管敷设时可采用普通电线。

直接埋地敷设和穿管暗敷的电缆可以采用普通电缆。

（2）阻燃电线电缆的选用

为了防止火灾时电线电缆起到助燃作用，使得火灾事故扩大，因此当电线电缆成束敷设时，应采用阻燃电线电缆。

同一建筑物内选用的阻燃和阻燃耐火电线电缆，其阻燃等级宜相同。

（3）耐火电线电缆或矿物绝缘电缆的选择

在外部火势作用一定时间内需保持线路完整性、维持通电的场所，其线路应采用耐火电线电缆或矿物绝缘电缆。

耐火电线电缆在做产品合格试验时，电线电缆在没有穿管保护的情况下，必须能够在750℃的高棉燃烧中保证90min的连续供电，因此，只要采取适当的机械防护措施，耐火电线电缆就能够满足消防用电设备的供电线路要求。故要求消防用电设备的线路宜采用耐火电线电缆或矿物绝缘电缆。

6.4.3 布线的一般规定

（1）火灾自动报警系统的传输线路和50V以下供电的控制线路，应采用耐压不低于交流300V/500V的多股绝缘电线或电缆。采用交流220V/380V供电或控制的交流用电设备线路，应采用耐压不低于交流450V/750V的电线或电缆。

（2）火灾自动报警系统传输线路的线芯截面选择，除应满足自动报警装置技术条件的要求外，尚应满足机械强度的要求，导线的最小截面积不应小于表6-2的规定。

铜芯绝缘电线、电缆线芯的最小截面　　　　　　　　表6-2

类别	线芯的最小截面（mm²）
穿管敷设的绝缘电线	1.00
线槽内敷设的绝缘电线	0.75
多芯电缆	0.50

（3）火灾自动报警系统的供电线路和传输线路设置在室外时，应埋地敷设。

（4）火灾自动报警系统的供电线路和传输线路设置在地（水）下隧道或湿度大于90％的场所时，线路及接线处应做防水处理。

（5）采用无线通信方式的系统设计，应符合下列规定：

1）无线通信模块的设置间距不应大于额定通信距离的75％。

2）无线通信模块应设置在明显部位，且应有明显标识。

（6）火灾自动报警系统的传输线路应采用金属管、可挠（金属）电气导管、B₁级以上的刚性塑料管或封闭式线槽保护。

（7）火灾自动报警系统的供电线路、消防联动控制线路应采用耐火铜芯电线电缆，报警总线、消防应急广播和消防专用电话等传输线路应采用阻燃或阻燃耐火电线电缆。

（8）线路暗敷设时，应采用金属管、可挠（金属）电气导管或B₁级以上的刚性塑料管保护，并应敷设在不燃烧体的结构层内，且保护层厚度不宜小于30mm；线路明敷设时，应采用金属管、可挠（金属）电气导管或金属封闭线槽保护。矿物绝缘类不燃性电缆可直接明敷。

（9）火灾自动报警系统用的电缆竖井，宜与电力、照明用的低压配电线路电缆竖井分别设置。受条件限制必须合用时，应将火灾自动报警系统用的电缆和电力、照明用的低压配电线路电缆分别布置在竖井的两侧。

（10）不同电压等级的线缆不应穿入同一根保护管内，当合用同一线槽时，线槽内应有隔板分隔。

（11）采用穿管水平敷设时，除报警总线外，不同防火分区的线路不应穿入同一根管内。

（12）从接线盒、线槽等处引到探测器底座盒、控制设备盒、扬声器箱的线路，均应加金属保护管保护。

（13）火灾探测器的传输线路，宜选择不同颜色的绝缘导线或电缆。正极"＋"线应为红色，负极"－"线应为蓝色或黑色。同一工程中相同用途导线的颜色应一致，接线端子应有标号。

复习思考题

1. 电力负荷等级是如何划分的？
2. 双电源自动切换装置应设置在哪些消防设备电源处，如何设置？
3. 消防应急电源有哪些类型？
4. 火灾应急照明有哪些类型？设置原则是怎样的？
5. 电线电缆的分类有哪些？各自适用的场合和敷设要求。

第二部分 安 防 篇

第 7 章　视频监控系统

视频监控系统是基于计算机网络和视频录像技术的快速发展所诞生的一种高效的安全防范系统。在重要场所、隐蔽场所、人员密集场所设置视频监控摄像机，结合建筑物地理位置信息，在视频监控中心的大屏幕和电脑上显示，实现对建筑物内全方位、全时段的可视化监控管理，从而对突发事件做出准确判断并及时响应，同时对监控场所的音、视频资料进行录像保存备查。视频监控系统为安防系统中的重要组成部分。

7.1　视频监控系统的系统设计

视频监控系统由前端子系统、传输子系统、存储子系统、显示子系统和管理子系统组成。

7.1.1　前端设备

1. 摄像机的类别

（1）按形状分：枪机、半球、快球、带云台等。

（2）按感光芯片分：CCD 摄像机、CMOS 摄像机模拟摄像头。

（3）按输出接口划分：模拟信号接口、网络数字高清、SDI 光纤高清等。

（4）按灵敏度划分：定焦、变焦。

2. 摄像机的各种区别

CCD 摄像头与 CMOS 摄像机的主要区别：CCD 仅能输出模拟信号，CMOS 可以输出数字信号，CMOS 信噪比一般可以做到大于 50dB，受外界干扰影响较小，CMOS 相对 CCD 摄像头省电 2/3 左右。

半球形摄像头和枪式摄像机的主要区别：两者其实都是固定式摄像机。枪式摄像机无保护罩，枪式摄像机的变焦范围比较大，适合于地下车库车道、公共走道灯等长距离监视场所，一般监视距离不超过 60m，20～30m 为宜；半球形摄像机适合于电梯前室、电梯轿厢等需要注意美观的监视场所，一般监视距离不超过 10m。

红外摄像一体机和普通摄像机的主要区别：红外摄像一体机设置阵列灯或 LED 灯，最低照度可以达到 0.001lx，适合夜晚或光线极差时使用。

3. 摄像机电源

目前最常见 CMOS、CCD 摄像机一般采用 DC12V 直流电源，老式云台摄像机的电源为 AC24V，由开关电源供给，井道配电箱或插座提供 AC220V 电源给开关电源，如果供电距离短，可以直接在机房内设置集中式 UPS 电源配出 AC220V 支路直接供给各开关电源。考虑低压供电的距离尽量短，开关电源设置的位置一般就近于摄像机附近的吊顶或电气竖井。

CMOS 摄像机采用 POE 网线自馈式供电方式，利用网线中闲置的一对双绞线供电，省去需单独敷设的电源线，设计前提是需按 IEEE802.3af 标准进行设计，且供电设备负荷较小，一般不建议超过 13W 即可。

CMOS 摄像机采用光纤或同轴电缆配线方式：需增设转接的光纤或同轴电缆收发器，供电方式为 POE，发出器前端配入网线，中间段为光纤或同轴电缆，接收器后端是网线至摄像机，POE 发出器设于前端需单独外接电源，通过发出器后端的网线、光纤或同轴电缆自馈电对摄像机进行供电。以上三种供电方式的示意图如图 7-1 所示。

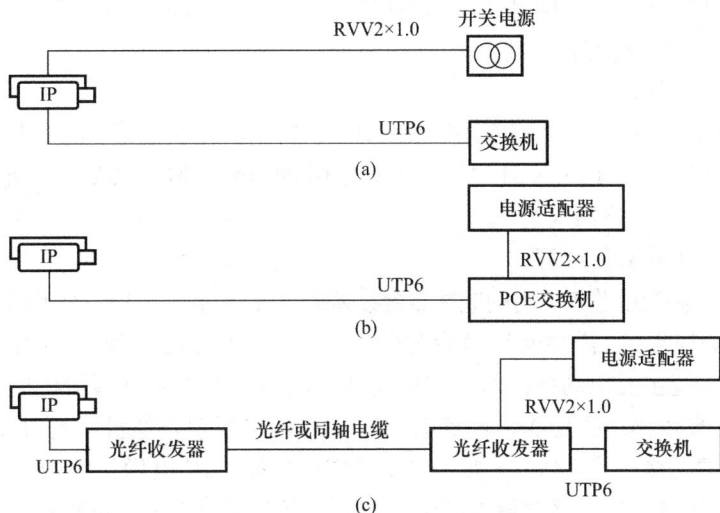

图 7-1　常见摄像机供电及配线方式

(a) 开关电源供电型示意图；(b) 网线自馈电型示意图；(c) 光纤或同轴电缆自馈电型示意图

7.1.2　视频监控系统设计

1. 视频监控的分类及比较

视频监控系统的设计主要从前端、传输、存储、显示、系统的管理与控制等几个功能进行设计。视频监控分为：模拟视频监控系统 CCTV、数字视频监控系统 DVR、网络视频监控系统 NVR。

(1) CCTV 系统是以全视频为主的监控设备，由模拟摄像机、视频控制矩阵、矩阵控制键盘、磁带录像机（VCR）、监视器等组成。主要工作原理是：摄像机采集模拟量信号通过视频分配器分配给磁带录像机和视频控制矩阵，利用键盘进行视频的切换和控制，磁带录像机进行图像的存储工作，由于采集的模拟视频录制也为磁带录像机，所以进行直接录像，不需要额外压缩和转换。CCTV 系统主要采用视频线及音频线传输，由于传输介质类型所限，传输距离较短。该系统由于监控范围小，基本已经被淘汰。

(2) DVR 系统的设计要点在存储和压缩，是一种模拟和数字相结合的独立系统。主要由模拟摄像头、视频分配器、画面分割处理器、服务器、磁盘阵列 DVR（硬盘录像机）、客户端、显示器或电视墙等组成。相对于传统模拟视频录像机，由于采用了硬盘录像，故常被称为硬盘录像机系统，即 DVR 系统。主要工作原理是：摄像机采集的模拟量信号通过视频分配器，分配给视频矩阵和 DVR，通过 DVR 的编码器变为数字信号并存储，数字信号也可以通过 DVR 的解码器解码，将解码后的模拟信号发送至视频监控显示器在监视器上浏览备查，送往视频矩阵是模拟视频信号通过画面分割处理器，进行切分和切换显示在电视墙上，也可以通过工作站在建筑群的监控系统共享。其优点是：造价便宜；采用模拟信号传输，不涉及解码过程，无延时；模拟信号数据不易丢失，安全性好；

系统成熟，产品成熟，相配套的摄像机种类也较多。

主要计算工作包括：

1）硬盘容量计算

1 路摄像机录像 1h 大约需要 180MB～1GB 的硬盘空间，以接入前端摄像机 10 个计算，全天 24h，180M 的图像信息度，图像保存 30 天为例，10×180×24×30＝1296000M 为 2T 的最低存储硬盘进行设计比较合理。

2）控制矩阵切换计算

统计摄像机数量计算，由于控制主机以输入、输出的模块形式扩充，目前控制主机常用的输入有 8、16、32、48……512 路，以 8 或 16 的倍数递增，以 200 个摄像机为例，留出一定余量，选择 256 路输入主机。

3）控制器输出路数的计算

控制器的输出路数由监控室内的监视器台数确定，从 2、4、8、16、24 到 32，一般以 2 或 4 的倍数递增。假如监控室需要至少 20 台监视器，可以选择 24 或 32 路输出的控制主机。

（3）NVR 系统主要靠网络传输，使用高速的网络，不再限制摄像机的数量，采用网络的交换机。主要由网络摄像头、服务器、NVR（网络视频录像机）、客户端、显示器等组成，NVR 前端直接连接 IP 录像机。主要工作原理是：IP 摄像机将数字信号直接送至区域交换机，各区域交换机通过网线或光纤将数字信号汇总至核心交换机，通过服务器完成各种控制和存储，通过解码为模拟信号后送至监视墙。

和 DVR 的对比：

DVR 录像效果取决于摄像机与 DVR 本身的压缩算法与芯片处理能力。而 NVR 的录像效果取决于 IP 录像机，因为 IP 录像机输出的就是数字压缩视频，视频到达 NVR 时，不需要模数转换，也不需要压缩，只用存储，当要显示和回放时才需要解压；NVR 除了大容量硬盘，在前端 IP 录像机侧也可以安装 SD 卡，实现前端存储，在故障情况下，中心不能录像时，系统会自动转向前端摄像机直接存储；线路方面 NVR 采用网线或光纤即可，如果采用自馈电的 POE 模式供电，电源线也可以省掉，相对 DVR 线路较为简单；NVR 也可以通过适配器连接模拟量摄像机，这样就实现了不同原理摄像机在同一场所的使用。

NVR 的优点是：可增容性好；可以无线传输信号，实现异地控制和异地存储；数字平台，方便将来增设功能；高清摄像头像素高（720P 为高清标准，1080P 以上为全高清标准），且采用逐行扫描 CMOS 图像传感器，图像质量好；线路简单，除电源线外（部分 POE 供电也可用网线供电）仅需要一根网线即可，可以采用总线式联结。而模拟摄像机每个摄像机均需要采用单独音频、视频等线路，线路数量较多。

7.1.3 摄像机的设置要求

1. 办公建筑物

设置在主要出入口、停车场、周界、电梯厅、电梯轿厢、走廊、前台、网络机房、变配电室、生活水泵房、锅炉房、制冷机房、楼梯或特别需要监控的场所，如财务室、安防消防中心、重要设备机房等处，尽量不要设置在办公区域以内，且设置在停车场出入口的摄像头需要选择防眩光型。

2. 住宅类建筑

设置在室外道路、地下车库车道、单元入户的电梯前室、地下车库通往住宅楼的通道处及其他可通往外界的通道入口处。户内一般不考虑摄像机的安装，如安装需通过权限且仅限特定人员浏览。

3. 学校

可参照办公建筑要求进行设置，特殊类型如幼儿园，可在教室内、幼儿休息室、多功能室安装摄像头，通过网络让家长实时浏览。

4. 酒店

设置在大堂、大门、通道、收银台、电梯内或特别需要监控的场所，不建议设置在客房区域内。

5. 医院

可参照办公建筑要求进行设置，此外要设置在门诊科室等待处、抢救室、观察室、治疗室等场所。

6. 厂区或室外

设置在园区四角、道路端头、大面积的活动场所等位置。

7.2　设　计　实　例

该视频监控系统采用纯网络模式，前端全部采用网络摄像机，视频信号通过接入交换机接入局域网传输。中心机房内部包含了存储子系统、显控子系统和管理子系统，是整个监控系统的核心。

系统结构图如图 7-2 所示。

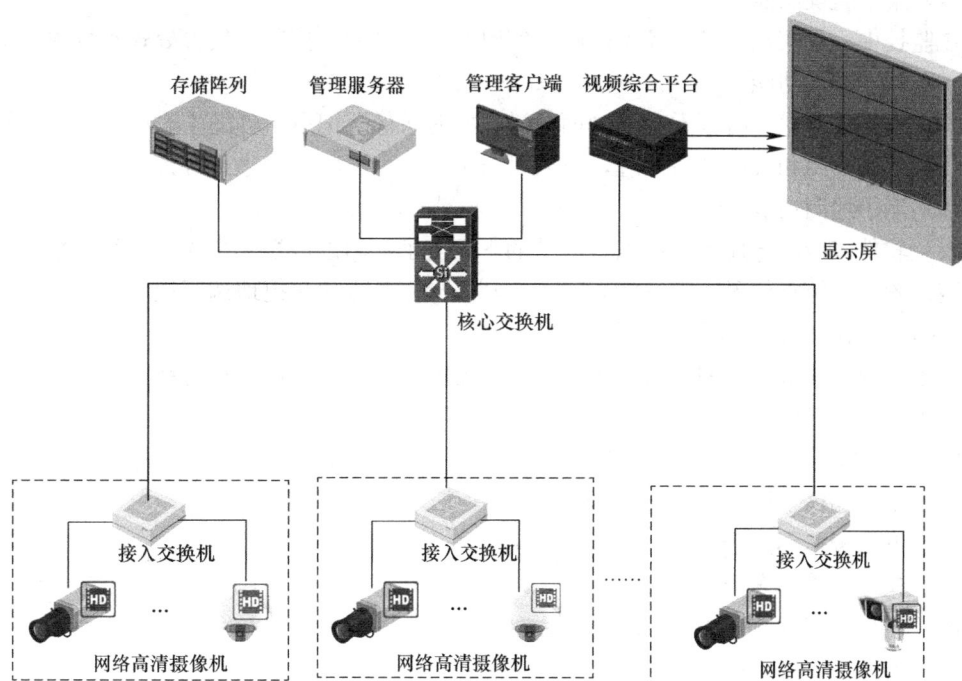

图 7-2　系统结构图

1. 具备功能

（1）分级管理功能

在安防控制中心建设管理平台，对于远程访问和控制的人员，可以通过授权登录Web客户端，实现对摄像机云台、镜头的控制和预览实时图像、查看录像资料等功能。

（2）全天候监控功能

通过安装的全天候监控设备，全天候24h成像，实时监控安全状况。

（3）昼夜成像功能

采用红外模式摄像，可见光成像系统的彩色模式非常适合天气晴朗、能见度良好的状况下对监视范围内的观察监视识别；红外模式则具有优良的夜视性能和较高的视频分辨率，对于照度很低甚至0lux照度的情况下具有良好的成像性能。

（4）高清晰度成像

部署高清晰度摄像机，采用高清晰度成像技术对区域内实施监控，有利于记录车辆、人员面部等细部特征。

（5）前端设备控制功能

可手动控制镜头的变倍、聚焦等操作，实现对目标细致观察和抓拍的需要；对于室外前端设备，还可远程启动雨刷、灯光等辅助功能。

（6）报警功能

系统对各监控点进行有效布防，避免人为破坏；当发生断电、视频遮挡、视频丢失等情况时，现场发出告警信号，同时将报警信息传输到监控中心，使管理人员第一时间了解现场情况。

（7）集中管理功能

在监控中心可实现对各监控点多画面实时监控、录像、控制、报警处理和权限分配。

（8）回放查询功能

有突发事件可以及时调看现场画面并进行实时录像，记录事件发生时间、地点、及时报警联动相关部门和人员进行处理，事后可对事件发生视频资料进行查询分析。

（9）电子地图功能

系统软件多级电子地图，可以将区域的平面电子地图以可视化方式呈现每一个监控点的安装位置、报警点位置、设备状态等，有利于操作员方便快捷地调用视频图像。

（10）设备状态监测功能

对于系统前端节点为网络摄像机，软件平台能实时监测它们的运行状态，对工作异常的设备可发出报警信号。

2. 供电方式

系统设备建议采用UPS供电，电源质量建议满足下列要求：

稳态电压偏移不大于$\pm 2\%$；

稳态频率偏移不大于$\pm 0.2 Hz$；

电压波形畸变率不大于5%。

3. 存储模式选择

高清化海量的视频数据必须依赖于强大的存储设备，本案采用海康威视CVR直接存储方式。CVR物理拓扑结构（如图7-3），存储设备中集成了录像服务软件，视频图像由前端摄像机通过流媒体协议直接写入存储。

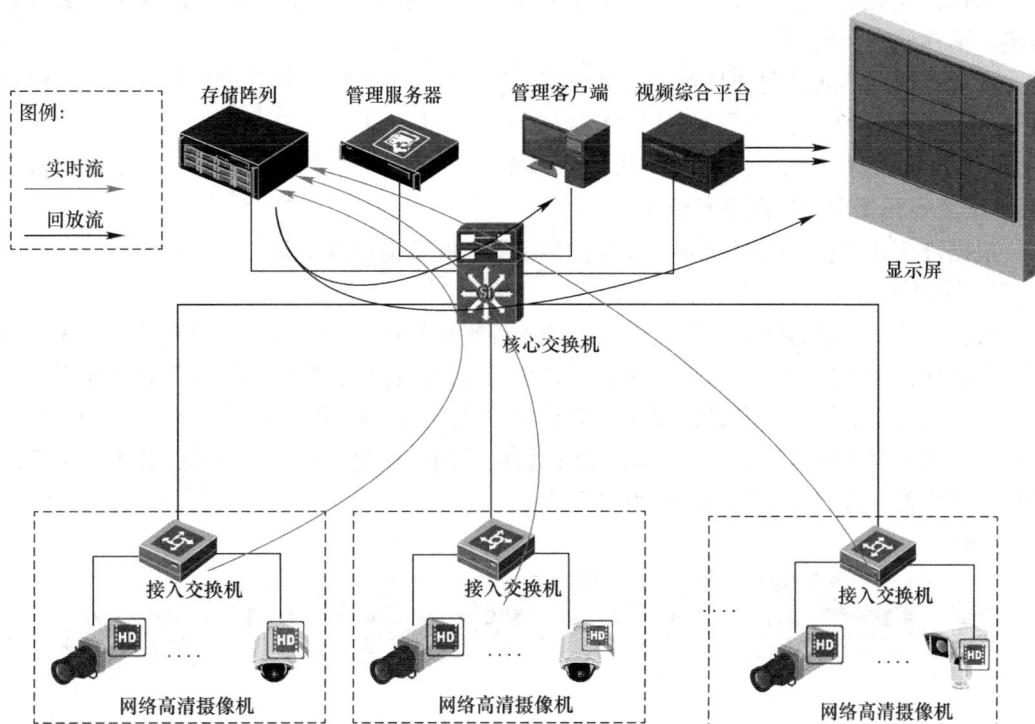

图 7-3　CVR 物理拓扑结构图

这种通过流媒体协议写入存储的架构模式，可以使存储有更多的灵活性，可以做更多的工作，比如视频切割，文件压缩，文件加密等，同时使得视频点播变得更加简单快捷。

4. 主要计算

（1）存储容量计算

单个通道 24h 存储 1 天的计算公式 $\sum$（GB）＝码流大小（Mb/s）÷8×3600s×24h×1 天÷1024。

1）高清 720P（1280×720）格式

按 2Mb/s 码流计算，存放 1 天的数据总容量 2Mb/s÷8×3600s×24h×（1 天）÷1024＝21GB。

30 天需要的容量 $\sum$（GB）＝21×30＝630GB。

2）高清 1080P（1920×1080P）格式

按 4Mb/s 码流计算，存放 1 天的数据总量 3Mb/s÷8×3600s×24h×（1 天）÷1024＝42GB。

30 天需要的容量 $\sum$（GB）＝42×30＝1260GB。

（2）存储设备配置计算

磁盘容量损失：3TB SATA 硬盘由于进制关系，实际可用容量为 2793.9GB。

3000/1.024/1.024/1.024＝2793.9GB

格式化损失：IPSAN 模式格式化损失为 $8\%\sim10\%$，CVR 格式化损失为 $5\%\sim7\%$。

RAID 损失：每组 RAID5 中有 1 片盘的容量用于存储校验数据；热备盘用来做故障替换，不存储实际数据。

设备选择：不同系列产品对并发录像数支持不同，根据实际项目前端码流和并发路数选择；不同盘位的设备配置的 RAID 和热备盘数量不同，一般为 $8\sim12$ 块硬盘一组 RAID，16/24 盘位配置 2 组 RAID 和 1 片热备盘，48 盘位配置 4 组 RAID 和 2 片热备盘（具体配置可根据项目情况进行调整）。

根据理论计算所得的存储容量换算出实际所需配置的磁盘空间。

5. 管理软件

管理子系统主要指的是视频监控系统的管理平台软件和配套设备。视频监控系统的管理平台软件是整个视频监控系统的核心，系统内任何的操作、配置、管理都必须在平台上完成，或通过平台注册，由其他设备或软件客户端完成；软件具备 C/S、B/S 两种架构；支持报警系统与视频监控系统的联动管理；软件采用模块化设计，可以分服务器安装系统模块，以降低服务器的资源处理压力（图 7-4）。

图 7-4　管理子系统的软件架构

第8章 入侵报警系统

入侵报警系统是通过在封闭式管理区域安装探测器设备，将探测到的非法入侵信号传达至安防控制中心，通过系统主机联动相关的报警设备，实现对非法入侵者实时报警和记录的系统。

8.1 入侵报警系统的系统设计

一个有效的、智能的入侵报警系统通常由前端设备（包括探测器和紧急报警装置）；传输设备；处理、控制、管理设备和显示、记录设备4个部分构成。

8.1.1 前端设备

为了适应不同场所、不同环境、不同地点的探测要求，在系统的前端，需要探测、现场安装一定数量的各种类型探测器，负责监视保护区域现场的任何入侵活动。用来探测入侵者移动或其他动作的电子或机械部件组成的装置，通常由传感器和信号处理器组成。传感器把压力、振动、声响、电磁场等物理量，转换成易于处理的电量（电压、电流、电阻）。信号处理器把电压或电流进行放大，使其成为一种合适的信号。

1. 开关类报警探测器

开关类报警器是一种电子装置，它可以把防范现场传感器的位置或工作状态的变化转换为控制电路通断的变化，并以此来触发报警电路。由于这类报警器的传感器的工作状态类似于电路开关，故称为"开关报警器"它属于点控型报警器。

开关报警器常用的传感器有磁控开关、微动开关和易断金属条等。当它们被触发时，传感器就输出信号使控制电路通或断，引起报警装置发出声光报警。

2. 声控报警探测器

声控报警器用传声器做传感器（声控头），用来探测入侵者在防范区域内走动或作案活动发出的声响（如启闭门窗、拆卸搬运物品、撬锁时的声响），并将此声响转换为报警电信号经传输线送入报警控制器。此类报警电信号既可送入监听电路转换为音响，供值班人员对防范区直接监听或录音，同时也可以送入报警电路，在现场声响强度达到一定电平时启动报警装置发出声、光报警。

这种探测报警系统结构比较简单，仅需在警戒现场适当位置安装一些声控头，将音响通过音频放大器送到报警主控器即可，因而成本低廉，安装简便，适合用在环境噪声较小的银行商店仓库、档案室、机要室、监房、博物馆等场合。

声控报警器通常与其他类型的报警装置配合使用，作为报警复核装置，可以大大降低误报及漏报率。

3. 微波/超声波报警探测器

微波报警器（微旋探测器）是利用微波能量的辐射及探测技术构成的报警器，按工作原理的不同又可分为微波移动报警器和微波阻挡报警器两种。

微波移动报警器是利用频率为 300～3000000MHz（通常为 10000MHz）的电磁波对运动目标产生的多普勒效应构成的微波报警装置，它又称为多普勒式微波报警器。所谓多普勒效应是指在辐射源（微波探头）与探测目标之间有相对运动时，接收的回波信号频率会发生变化，以达到探测报警的目的。

微波阻挡报警器由微波发射机、微波接收机和信号处理器组成，使用时将发射天线和接收天线相对放置在监控场地的两端，发射天线发射微波束直接送达接收天线。当没有运动物体遮断微波波束时，微波能量被接收天线接收，发出正常工作信号；当有运动物体阻挡微波束时，接收天线接收到的微波能量减弱或消失，此时产生报警信号。

超声波报警器的工作方式与上述微波报警器类似，只是使用的不是微波而是超声波。因此，多普勒式超声波报警器也是利用多普勒效应，超声发射器发射 25～40kHz 的超声波充满室内空间，超声接收机接收从墙壁、顶棚、地板及室内其他物体反射回来的超声能量，并不断与发射波的频率加以比较。当室内没有移动物体时，反射波与发射波的频率相同，不报警；当入侵者在探测区域内移动时，超声反射波会产生约为 ±100Hz 的多普勒频率，接收机检测出发射波与反射波之间的频率差异后，即发出报警信号。

4. 红外线报警探测器

红外线报警探测器是利用红外线的辐射和接收技术构成的报警装置。根据其工作原理又可分为主动式和被动式两种类型。

（1）主动式红外线报警探测器

主动式红外线报警探测器是由收、发装置两部分组成，如图 8-1 所示。发射装置向装在几米甚至几百米远的接收装置辐射一束红外线，当被遮断时，接收装置即发出报警信号，因此它也是阻挡式报警器，或称为对射式报警器。

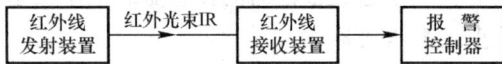

图 8-1　主动式红外线报警器组成

主动式红外线报警探测器有较远的传输距离，因红外线属于非可见光源，入侵者难以发觉与躲避，防御界线非常明确。尤其在室内应用时，简单可靠，应用广泛，但因暴露于外面，易被损坏或被入侵者故意移位或逃避等；在室外应用时则应考虑雾、雨、雪等天气因素的影响。

（2）被动式红外线报警器

被动式红外线报警器在结构上可分为红外线探测器（红外探头）和报警控制部分。被动式红外线报警器不向空间辐射能量，而是依靠接收人发出的红外线辐射来进行报警的。任何有温度的物体都在不断向外界辐射红外线，人体的表面温度为 36℃，其大部分辐射能量集中在 8～12μm 的波长范围内。

被动式红外线报警器在安防报警探测器中（超声、微波、红外线）是发展较晚的一种，之所以具有较强的生命力，有着后来居上的发展趋势，主要是因为它具有若干独到的优点。

1）由于它是被动式的，不主动发射红外线，因此，它的功耗非常小，其电流有的只有数十毫安，有的只有几毫安，所以在一些要求低功耗的场合尤为适用。

2）由于是被动式，也就没有发射机与接收机之间严格校直的麻烦。

3）与微波报警器相比，红外线波长不能穿越砖头水泥等一般建筑物，在室内使用时不必担心由于室外的运动目标会造成误报。

4）在较大面积的室内安装多个被动式红外线报警器时，因为它是被动的，所以不会产生系统互扰的问题。

5）它的工作不受噪声与声音的影响，声音不会使它产生误报。

5. 双技术防盗报警器

各种报警器都有优点，但也各有其不足之处，为了减少报警器的误报问题，人们提出互补双技术方法，即把两种不同探测原理的探测器结合起来组成所谓双技术的组合报警，又称双鉴报警器。

双技术的组合不能是任意的，必须符合以下条件：

（1）组合中的两个探头（探测器）有不同的误报机理，而两个探头对目标的探测灵敏度又必须相同。

（2）上述原则不能满足时，应选择对警戒环境产生误报率最低的两种类型探测器，如果两种探测器对警戒环境的误报率都很高时，当两者结合成双技术报警器时，也不会显著降低误报率。

（3）选择的探测器应对外界经常或连续发生的干扰不敏感。

以下为几种双鉴报警器的性能比较：

（1）微波与超声波、被动式红外线与被动式红外线组成的双鉴报警器。微波和超声波探测器都是应用多普勒效应，属于相同工作原理的探测器，两者互相抑制探测器本身的误报是有效果的，但是对于环境干扰引起的假报警的抑制作用较差。由两个被动式红外线探测器组合的双鉴报警器完全是两个同种探测器的组合，因而对环境干扰引起的假报警没有抑制作用。

（2）超声波和被动式红外线探测器组成的双鉴报警器。这种双鉴报警器是由两种不同类型的探测器组成，因而，对本身误报和环境干扰引起的假报警都有一定的相互抑制作用，但由于超声波的传播方式不同于电磁波，是利用空气做媒介进行传播的，因而环境的湿度对超声波探测器的灵敏度有较大影响。

（3）微波和被动式红外线探测器组成的双鉴报警器。这两种探测器的组合取长补短，相互抑制本身误报和由环境干扰引起的假报警的效果最好，并采用了温度补偿技术，弥补了单技术被动式红外线探测器灵敏度随温度变化的不足，使微波—被动式红外线双鉴探测器的灵敏度不受环境温度的影响。

目前市场上主要有微波—被动式红外线和超声波—被动式红外线双技术报警器这两种，而双技术探测器的缺点是价格比单技术报警器要昂贵，安装时将两种探测器的灵敏度都调至最佳状态较为困难。

8.1.2 系统设计

入侵报警系统设计一般按防区设置报警模块，选用便于增容的总线制报警系统，其工程施工及安装都较为便利。系统通过各个监测点的 IP 地址显示报警防区及其准确位置，信号均在一条总线上传输，宜采用 RVV-2×0.8mm² 以上线径的信号线，如考虑传输信号的安全需要屏蔽时，可采用 RVVP 屏蔽线，在每个防区的探测器通过 485 总线连接安防地址模块，模块通过系统总线将信号送到信号中继器（1000m 范围内不需要），再通过中继器将报警信号上传至安防主机，同时分层或多层设置电源模块，由弱电机房统一提供

AC220V 供电，经变压器转换为 24V 或 12V 低压，为各个探测器供电。

8.2　设计实例

针对一个周长约 200m 的区域，入侵报警系统主要是对非出入通道的周边区域进行监视和管理，目的在于防止非法入侵。

8.2.1　前端设备

该系统的前端设备采用的是主动红外探测器，选择了美国马斯康公司 ATW 的红外对射产品，其性能先进，抗干扰性强。根据小区周界的实际情况，需要配置 4 对 80m 对射将整个周界分成 4 个防区，当报警时就很容易区分报警的区域。具体分布见防区分布图 8-2。

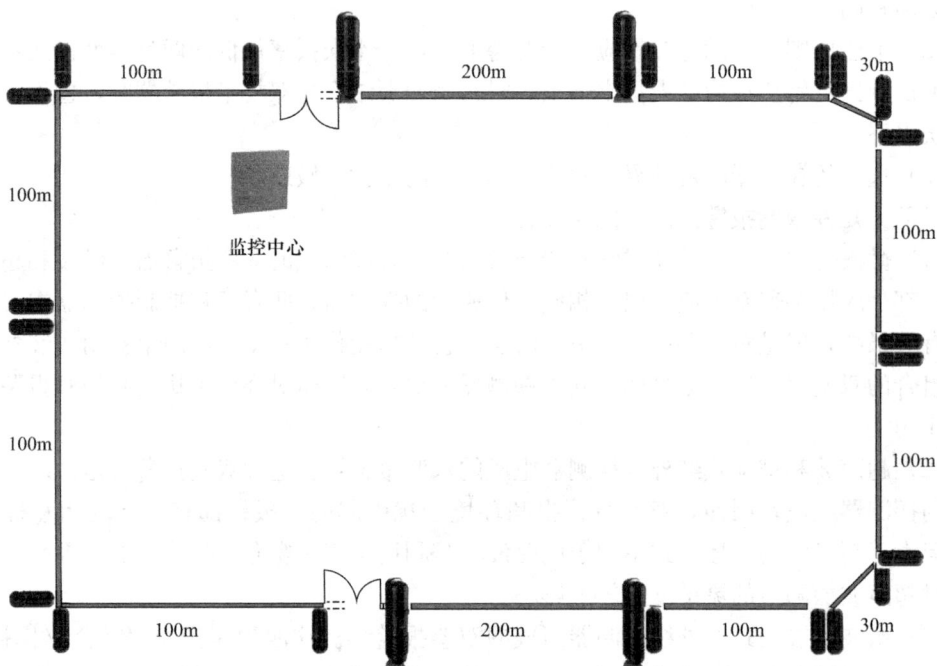

图 8-2　防区分布图

8.2.2　信道设计

本系统报警信号采用总线传输方式，这种传输方式结构简单，技术成熟可靠，安装方便，成本低。为了使保证探测器的工作电压、信号传输稳定可靠，需要采用阻抗较小的电缆，由于红外对射一般采用直流供电，阻抗太大会使末端电压降太大，导致探测器供电不足不能正常工作，影响系统的稳定性。由于线缆阻抗和线缆横截面大小成反比，长度成正比，因此在长度一定的情况下，为了保证探测器工作电压，需要采用截面积比较大的电缆，为了满足要求，本系统采用了 RVV4×1.5 的护套线。同时采用从沿周界两边布线的方式，降低了线路阻抗。

8.2.3　中心控制部分

安防控制中心报警主机采用了加拿大 DSC（Digital Security Control）公司的 PC1832 中型报警系统。PC1832 主机是一个具有 8 个基本防区，最大可扩展到 32 个防区的中小型报警系统，其最大的一个特点之一是可通过 PC5100 总线扩展模块将 32 个防区全部变成总线接入方式，也可以总线方式和无线接入方式混合使用，使用方式较为灵活。虽然 PC1832 是一款中型主机，但却可以像大型主机那样通过串口输出模块 PC5401 实现和计算机的连接，并且数据是双向传输，而不是像一般的主机那样数据只能由主机向计算机单向传输数据，这样就可以实现由计算机软件直接对主机进行控制操作，如布防、撤防、旁路等，极大地方便了用户的操作和管理。

操作软件采用了某公司开发的安防报警管理软件，通过安防报警管理软件可直接对报警主机进行布、撤防操作，另外通过 PC5208DVR 联动输出模块可实现 LED 地图板联动显示，使值班人员能及时了解报警点的信息，缩短了出警时间，同时也可提供给矩阵或硬盘录像机报警联动信号。安防报警管理软件兼容目前市面上大部分的 CCTV 矩阵主机，可通过串口直接提供给矩阵联动信号。当有警情发生时，软件会通过语音报警提醒值班人员注意。系统界面友好，可以方便地查询系统、防区、报警记录等资料，同时软件实行分级权限管理，提供四级操作人员权限设置，还可自行定义第五级，严格地分级管理，杜绝人为破坏。提供完善的数据维护工具，即使在数据库遭到意外破坏时，仍可利用修复功能恢复，还可以自动定时、自动备份报警数据。内置运行监测器在系统遇到故障时，可以通过运行监测器自动重新启动程序或重启计算机，以保证系统的正常运行，提高系统的可靠性。软件在非正常退出时，能够自动修复数据库并重建索引。

为实时记录报警数据，系统配置了一台微型串口打印机，对主机的操作和系统事件都可以通过打印机实时打印出来。

其系统结构的拓扑图如图 8-3 所示。

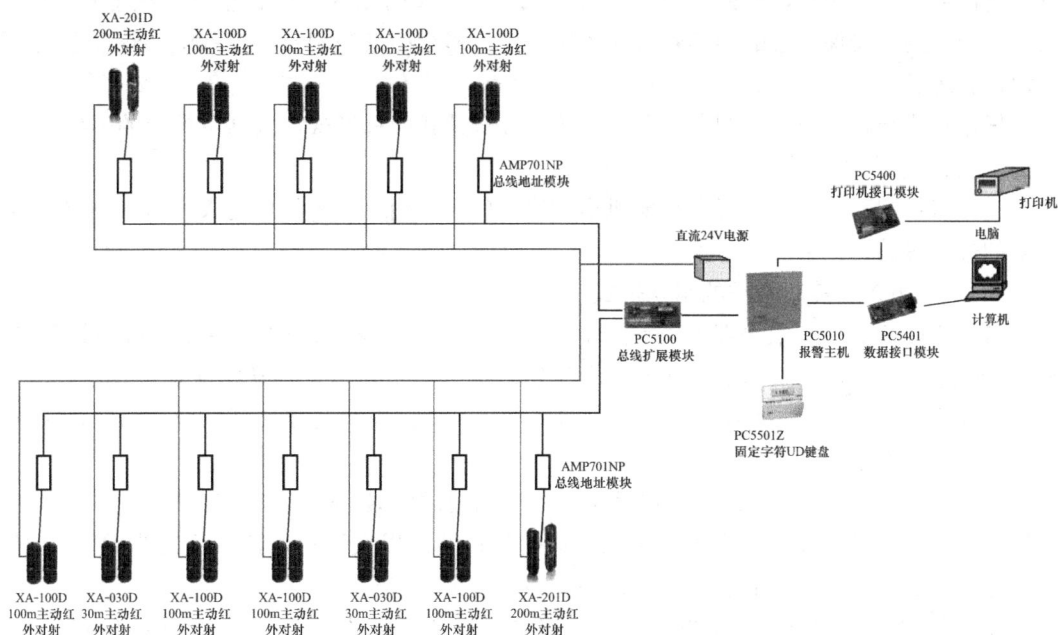

图 8-3　系统拓扑图

第9章 出入口控制系统

出入口控制系统也称为门禁系统，在建筑物内的主要管理区、出入口、电梯厅、主要设备控制中心机房、贵重物品的库房等重要部位的通道口，安装门磁开关、电控门锁或读卡机等控制装置，由中心控制室监控，出入口控制系统采用计算机多重任务的处理，既可控制人员的出入，也可控制人员在楼内及其相关区域的行动，它代替了保安人员、门锁和围墙的作用。

9.1 出入口控制系统的系统设计

9.1.1 出入口控制系统的基本理论

出入口控制系统一般由前端信息输入设备（门禁读卡器、卡片、门磁、紧急按钮等）、执行设备（电控锁等）、传输系统（RS485 总线）、管理控制记录设备（门禁控制器、门禁管理主机等）4 部分组成。

计算机将具有本建筑物系统合法身份的人员资料录入各门禁控制器，当前端信息输入设备获取信息，比如读卡器响应刷卡信息时，通过传输系统将信号传输到门禁控制器，门禁控制器通过认证判断，发回指令到前端的执行器，如门磁等。当有非正常状态开门时，报警信号将送至安保中心的门禁管理系统服务器，多个门禁控制器由控制中心管理主机统一协调管理。

根据集成与否，门禁控制器可分为一体式和分体式两种形式，根据可控门的个数，可分为单门、2 门、4 门等不同类型。

出入口控制系统一般设置在重要机房或房间的入户门、住宅的单元入户以及有功能分隔的过道等处。

9.1.2 出入口控制系统的组网形式

（1）RS485/RS232 转化器型：该形式适用于中小型工程，RS232 一端连接系统服务器，RS485 一端使用链式总线结构与多台控制器进行通信，通信线从服务器后的 RS232/485 转换器后通过双绞线接到第一台控制器，再从第一台控制器接到第二台，第二台接到第三台，以此类推。

（2）TCP/IP 控制器型：该形式适用于对通信要求比较高的系统，TCP/IP 控制器使用网线接口，通过网线与交换机连接默认通信接口使用以太网口，接口标准为 RJ45，具有远程升级、联网数量大的优点，但线路复杂、造价高。

（3）TCP/IP 与 RS485 混合联网型，该形式以中央控制器通过以太网接口接入至下级网络，从而实现门禁数据上传至系统管理中心以及与中央控制器对各个子系统间的相互通信，下级网络采用 RS485 方式联网，为了兼顾系统功能性和可靠性，每台网络中央控制器的下行链式串接一般不超过 15 台门禁控制器，同时将消防报警及安防报警、监控等通过以太网的核心交换机发送到现场的门禁控制器上，该框架采用了较灵活的通信组网方式，特别适用于用户数量较大、控制点数较多、多系统集成、有较好的实时性、并需要进行统一管理和控制或需要在原有 RS485 系统上进行改造或升级的场所。

9.1.3　线缆选型

（1）读卡器与控制器之间信号线一般采用 4、6、8 芯屏蔽多股双绞网线（使用其中两芯）：如 RVVP-4×1.0，配线长度一般不超过 100m。

（2）出门按钮与门禁控制器之间通信使用屏蔽信号线，线芯最小截面积为 0.5mm²，如 RVVP-2×1.0。

（3）门禁控制器与管理主机之间通信采用信号线，如果为交换机工作方式，采用超五类以上非屏蔽双绞线，如信息线采用 1×UTP-6，电源线采用 BV-2×1.5；如果采用 RS232/RS485 转换器工作方式时，控制器到 RS232/RS485 转换器的线缆建议使用多芯双绞线，电源采用铜芯绝缘导线，截面积根据传输距离进行计算，线芯最小截面积应大于 0.5mm²，如信号线采用 RSV-2×1.0，电源采用 BV-2×1.5。

（4）电锁或门磁控制线可穿同一根管，读卡器和出门按钮可穿同一根管，如均为 SC25，也可单独穿管，依据平面实际情况进行考虑。

9.1.4　注意事项

（1）控制器建议安装在弱电井等便于维护的地点。

（2）如果整个门禁系统控制器的总数不超过 80 台，原则上只需要一台 RS485 转换器即可满足要求。

（3）一般厂家控制器规格为 1、2、4……个门控制器，设计时按照实际情况进行选择。

（4）读卡器、按钮安装高度为距地 1.4~1.5m，可根据客户使用习惯适当增减。

（5）门禁控制器的元器件的工作电压一般为 5V，信号线不可以与强电线贴行敷设，更不能穿在同一根管内。

（6）门禁管理系统在火灾发生时，能够接收消防系统的联动控制信号，打开相关电子门锁，方便人员疏散。

（7）门禁系统接入车库或一卡通管理系统，由不间断电源 UPS 集中供电，供电时间最好不低于 60min。

9.2　设　计　实　例

本工程是一个门点/楼栋相对比较集中的社区，在进行组网形式选择时，首先考虑使用汇总式（也叫集成式）多门门禁控制器的形式，如图 9-1 所示。一个 4 门门禁控制器可控制 4 个门，4 个门点上的读卡器线（6 芯）、出门按钮线（2 芯）、门磁线（2 芯）、门锁线（4 芯）、报警灯线（2 芯）、烟感线（4 芯）或者手报（2 芯）、视频线（2 条），一个门点有 20 多芯的线需拉到汇总式多门门禁控制器上，即使将公共地合并，也有近 15 芯左右的线，4 门控制器意味着起码有 60 多条线汇聚在一个控制箱上；线多必将引起布线凌乱（凌乱有可能引起火灾），且所有的线汇聚必将引起一个安全隐患：线路多，本身就存在不可靠因素，加上因为居民楼栋与栋之间的布线常在室外，室外的线路常受鼠咬、或者人为意外（亦可能是人为故意破坏）损断，假如开锁控制线断了，造成居民"出不去、进不来"，查线得从头到尾细查才能排除，给居民出入带来不便；当在这种情况下发生火情时，这种后果不堪设想。另外 4 个门集中到一个控制器上进行控制，本身就存在不安全性，也就是说一个地方能打开任何一个门。安全级别低。

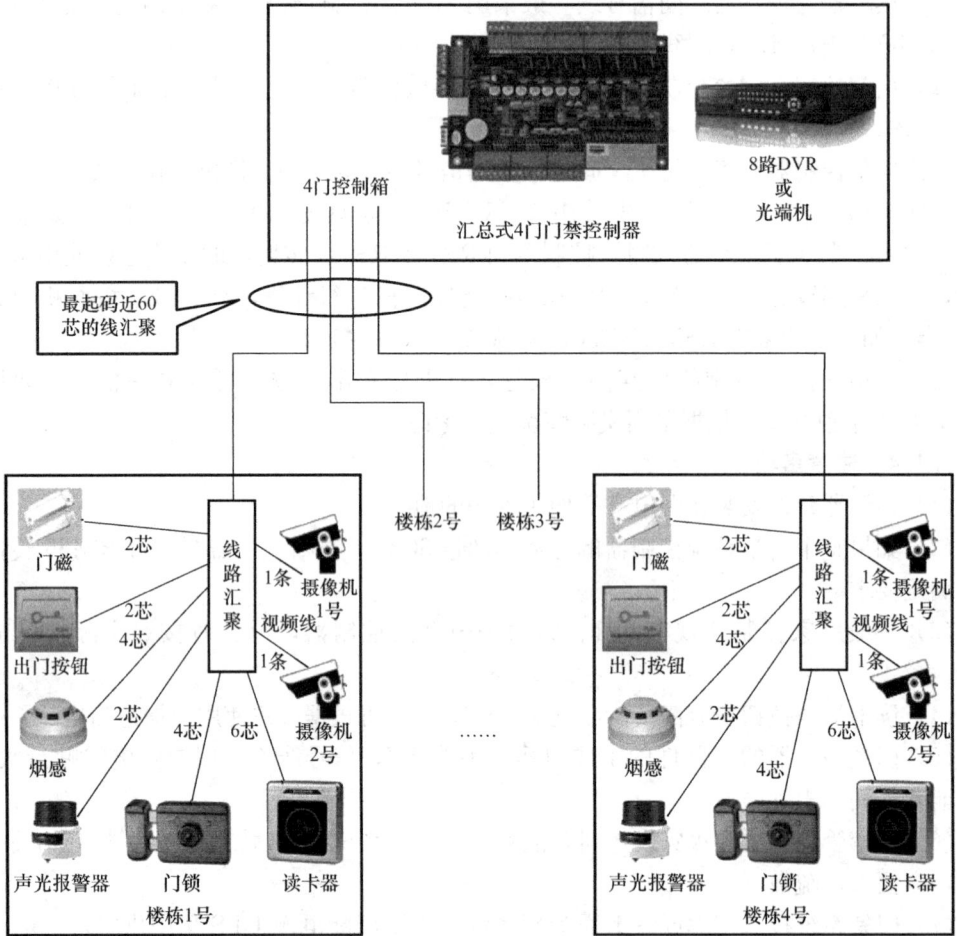

图 9-1 汇总式 4 门门禁控制器系统

基于以上原因，该方案不予采纳，本设计采用门禁接入控制器 TCP/IP＋现场门禁控制器 RS485 的双层组网方式，使用主分控多门架构，最大限度地降低组网成本，同时架构清晰，确保数据及时上传。图 9-2 也以 4 门为例，每个楼栋控制一个门、单向刷卡开门，配置两个摄像机（门内、门外各一个）。

如图 9-2 所示，以 4 门主分控为例，每栋门点上所有接线（除了视频线外，图中的 20 多芯线）都接在现场门禁控制器上，连线距离很短，除了通信线（RS485）外其他线路不需出本栋楼，可节省布线成本，减轻施工难度。现场门禁控制器（分控）与门禁接入控制器（主控）之间采用 RS485 通信，RS485 传输距离远（理论值为 1200m），解决了栋与栋之间传输距离，布线简单。

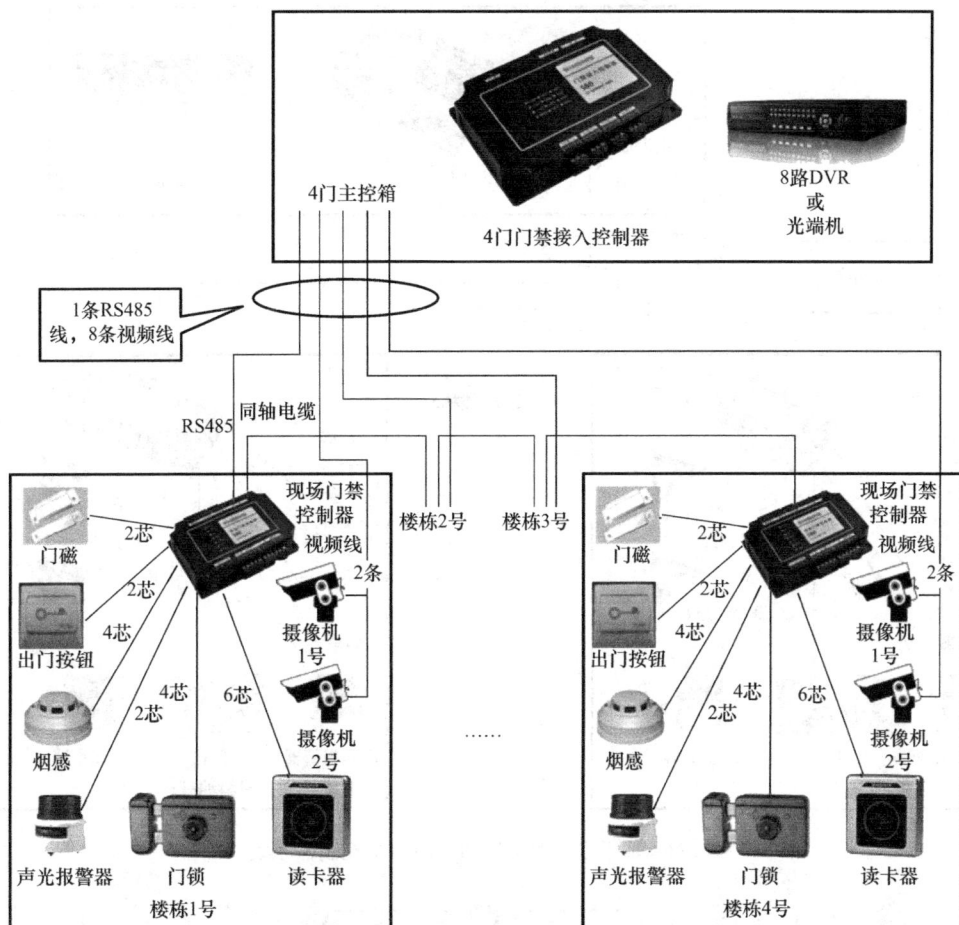

图 9-2　双层组网方式 4 门禁控制器系统

　　主分控架构可以简洁布线、节约成本时，另外一种更新型的视频门禁布线方式提供了更为优秀的解决方案：此产品仍然采用主分控架构，但增加了针对每个门点 2 个摄像机视频的统一接入，主控与每个分控之间只采用一根 8 芯的网线进行传输，解决了与 1 个现场门禁通信及 2 个摄像机的视频信号的传输；并且全端口做防雷处理（包括 2 个摄像机信号防雷）。如图 9-3 所示，此种解决方案将布线简化到极致，布线的成本最低，维护更便捷。

　　基于主分控的架构上，本系统支持在已下载的 10 万张持卡人的前提下，在门点读卡器上刷卡，系统在 0.2 秒内作出权限判断，极为高效，并不影响正常使用。

　　当现场门禁控制器（分控）与门禁接入控制器（主控）通信中断后，每个现场门禁控制器支持 200 张特权卡，此 200 张特权卡只有在通信中断后才起作用，仍能正常使用门禁系统进行刷卡通行，不影响使用；并且视频门禁平台软件自动提示具体是哪个现场门禁控制器通信中断，提示维护人员进行检修；主分控架构不存在汇总式门禁控制器的消防隐患，其使用更为合理、更为便捷、更为节省成本。

　　其中每个门点配置的设备如图 9-4 所示。

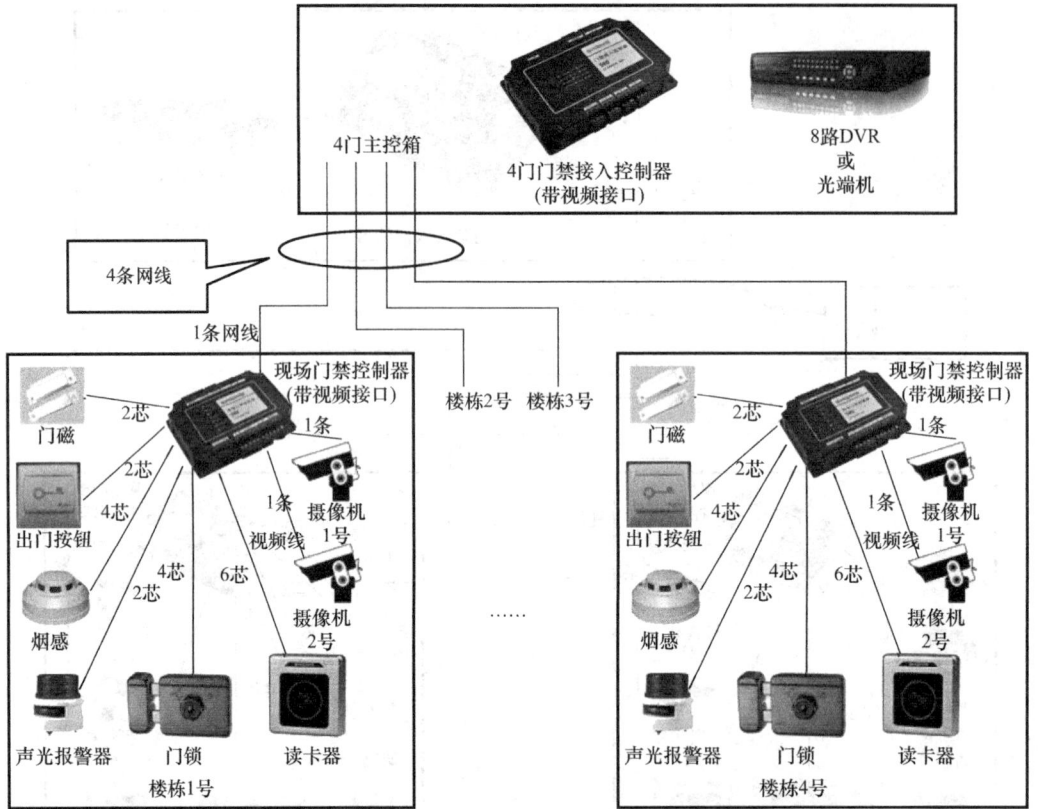

图 9-3　基于主分控架构的 4 门门禁控制器系统

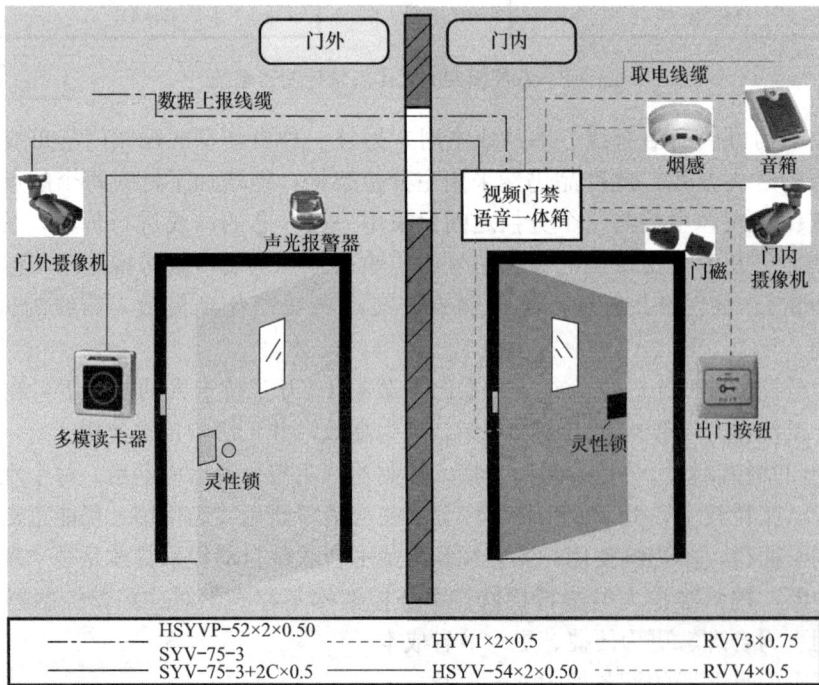

图 9-4　门点配置图

具体设备清单如表 9-1。

具体设备清单　　　　　　　　　　　　　　　　　　表 9-1

序号	设备名称	设备型号/规格	单位	数量	
				单向刷卡	双向刷卡
1	现场门禁控制器	S3-01LWAC-T20	台	1	1
2	语音模块	S3-01LVCM-L64	台	1	1
3	身份证多模读卡器	S3-RS34-AB2B05	台	1	2
4	出门按钮	86 底盒塑料按钮	个	1	0
5	声光报警器	DC12V，闪灯	个	1	1
6	烟感	光电式烟感	个	1	1
7	门磁	建议锁带门磁信号	个	1	1
8	音箱	无源 4Ω，5W	个	1	1
9	灵性锁	带断电开锁功能	把	1	1
10	红外摄像机	480 线以上	台	2	2
11	视频门禁语音一体安装箱	结合现场定制	台	1	1
12	工业电源	T3-01CSPW-I05	个	1	1
13	后备电池	DC12V/7AH	个	1	1
14	闭门器	80kg 以上，利用旧的	个	1	1

其控制器接线图如图 9-5 所示。

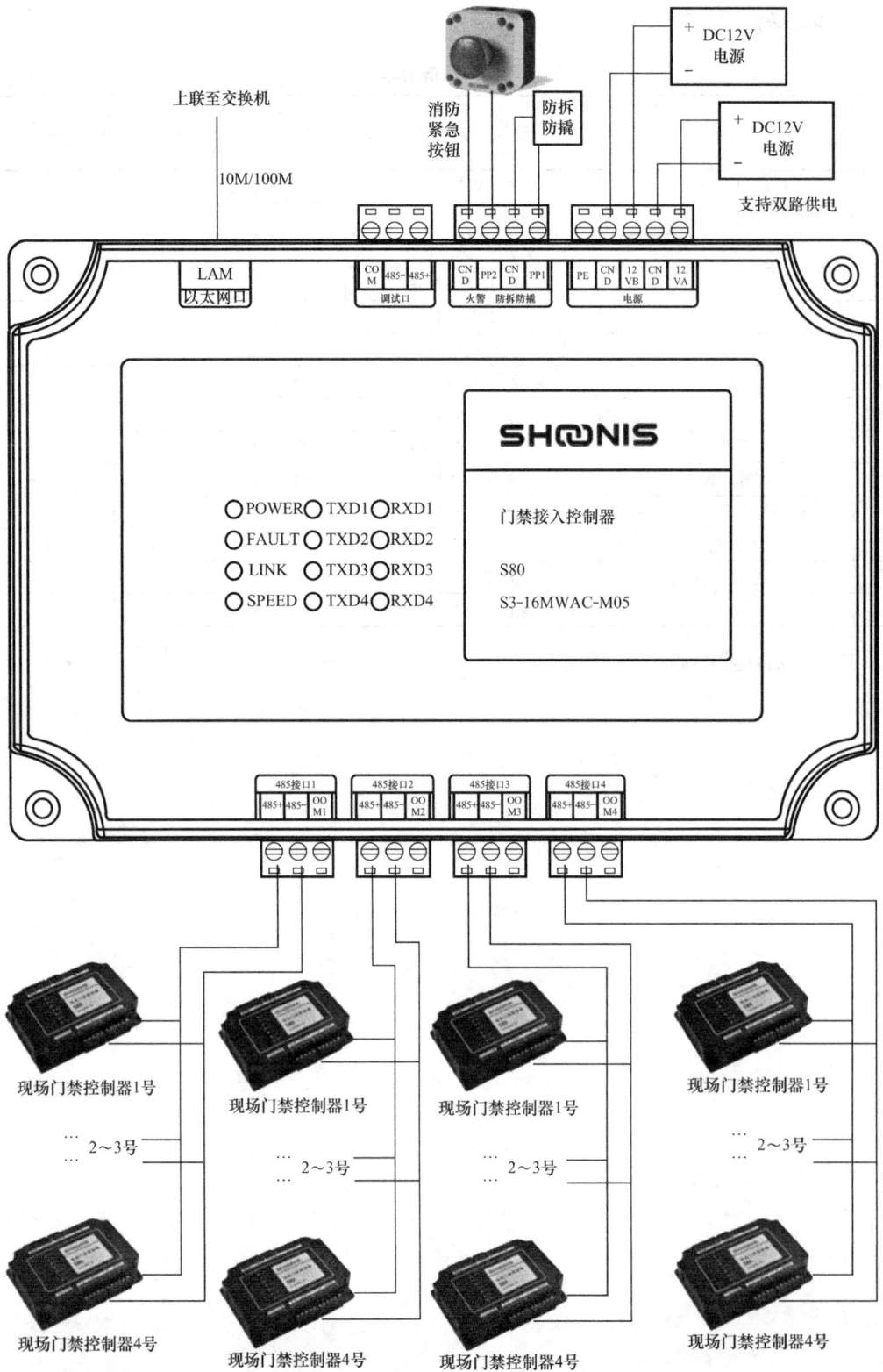

图 9-5　门禁接入控制器接线图

第三部分 系统集成

第 10 章　某智能楼宇综合管理系统解决方案

随着社会的发展和科学技术的不断进步，大型、多功能和服务项目齐全的大厦不断增加，其内部及周边的各种设备和种类不断增多，对于它们的管理已非人工所能完成。同时，对大厦内部及周围区域的管理的要求也越来越高。目前智能大厦管理系统的功能已经发生很大变化，智能大厦管理系统用来全面提升建筑的形象和提高建筑的服务、管理及安全功能，为生活和工作在建筑中的人们提供安防报警、消防报警、停车场管理、巡更管理、消费管理等增值业务，成为一个多技术构筑的统一的信息平台。

智能大厦综合管理系统解决方案的主要目的是利用联网安防技术，通过射频识别、视频图像、传感器等信息传感设备，把涉及智能大厦工作、日常管理的各种要素（人和物）和互联网连接，进行信息交换和通信，以实现智能化的大厦管理，解决智能大厦的安全保卫、门禁、巡更、消费、停车场等方面的各种问题。

由于智能大厦综合管理系统没有国家的统一标准，因此不同厂商的平台系统的数据存储格式和通信标准都不相同，互相不能兼容，因此，建设智能大厦综合管理系统只能采用单一平台，否则系统的各个部分将会变成孤岛，不能有效地实现信息共享和统一管理。当然，在采用单一平台的前提下，智能大厦综合管理系统应该通过预留接口，允许不同厂商的设备接入系统。

本工程采用中联创新 S80 云安防系统单一的操作平台，通过接入控制器的 A 接口协议允许不同厂商的设备接入系统，系统整体结构见图 10-1。

1. 门禁系统

由于门禁控制器是安装在大厦大门或者大厅通道上，可以进出这些门的人非常多，因此要求门禁控制器最少要支持 10 万人，并且在 10 万人时刷卡响应时间不能高于 0.2s。这样在上下班高峰期才不会排队。另外，由于上下班高峰期的人流非常集中，服务器控制很多个门和通道的视频抓拍，因此要求一台抓拍服务器每秒至少完成 100 次抓拍才可以满足要求，否则就会由于延时造成抓拍的图片和视频在时间上发生错乱。门禁读卡器能同时支持多种介质：门禁读卡器可以同时读取二代身份证、暂住证、IC 卡、手机卡及 CPU 卡的卡号。

中联创新 S80 云安防系统具备双控制器热备份功能，系统中门禁接入控制器为 2 台，互为主备，2 台互为备份的门禁接入控制器通过 485 线连接到相同的现场门禁控制器；要求门禁接入控制器与服务器无论网络是否正常，门禁接入控制器是联网还是脱机，当任一门禁接入控制器异常时，备份门禁接入控制器能在 5s 内自动接管所有现场门禁控制器，各个门禁功能正常使用；并在网络正常时与服务器正常通信；门禁接入控制器异常时，维护工作站要求提示告警信息，系统维护人员可热更换（即更换过程中门禁的所有功能正常使用）存在问题的门禁接入控制器。

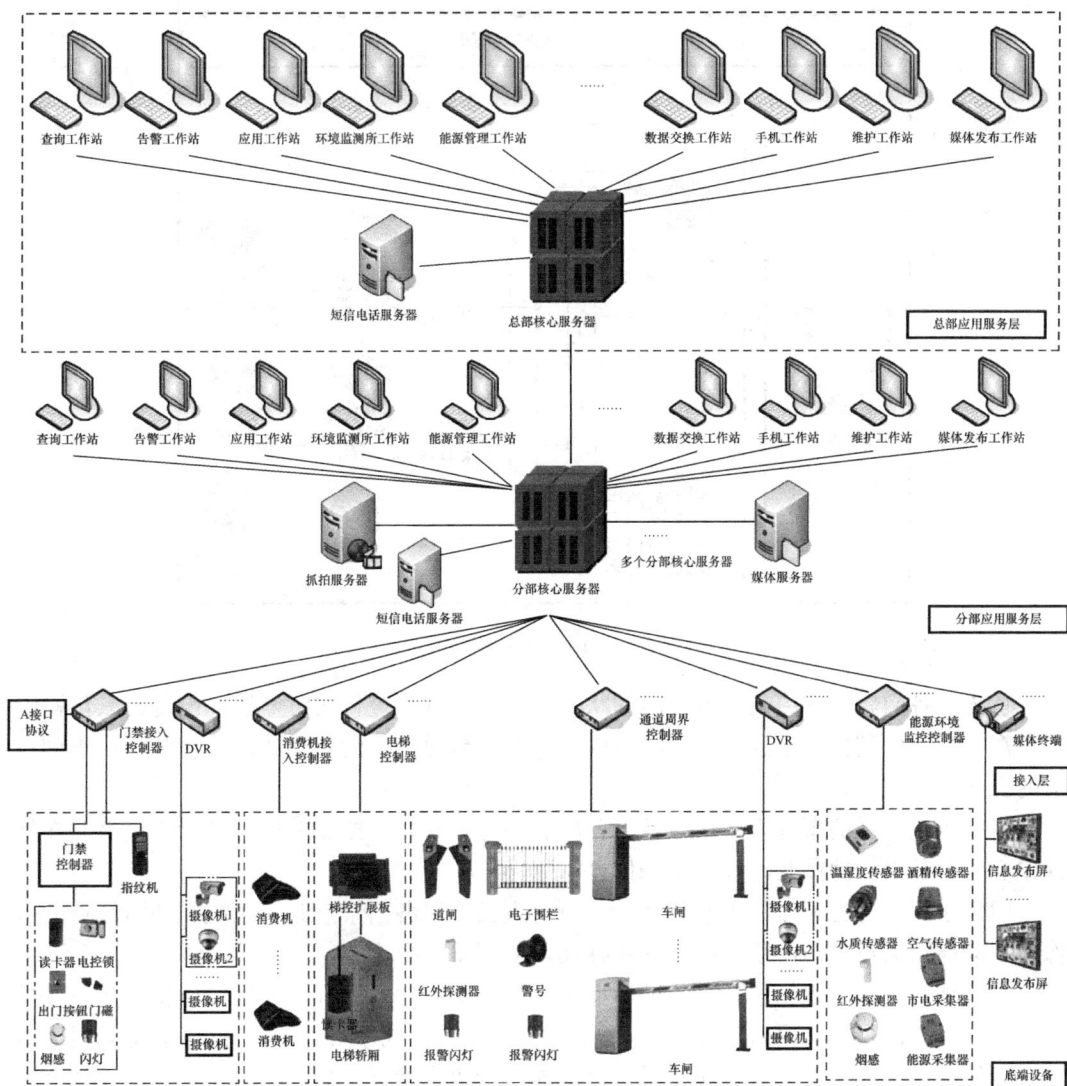

图 10-1　系统整体结构

采用开放的通信协议和技术标准，保障系统在互联或以后的扩展过程中能够稳定有效的运行。不同产品之间有相对标准接口，可实现不同子系统监测、实时管控、报警联动。同时考虑到今后发展的需要，因而必须具有在系统产品系列、容量与处理能力等方面的扩充与换代的可能，这种扩充不仅充分保护了原有资源，而且具有较高的综合性价比。其整体结构示意图如图 10-2 所示。

对于重点区域（如财务室、领导办公室等）采用按不同的时间段设置不同的开门方式（如刷卡开门、密码开门、卡＋密码、多卡开门、卡＋指纹、远程电话短信授权开门等）。如财务室在正常工作时间段可设置刷卡开门模式，财务人员在上班时间段只需通过刷卡就可开门；在非工作时间段可设置刷卡＋远程电话短信授权开门模式，财务人员在非上班时间段必须先刷卡，刷卡时门禁系统自动拨打电话或发短信给相应的管理人员，管理人员回复电话或短信后，财务室门才能打开。

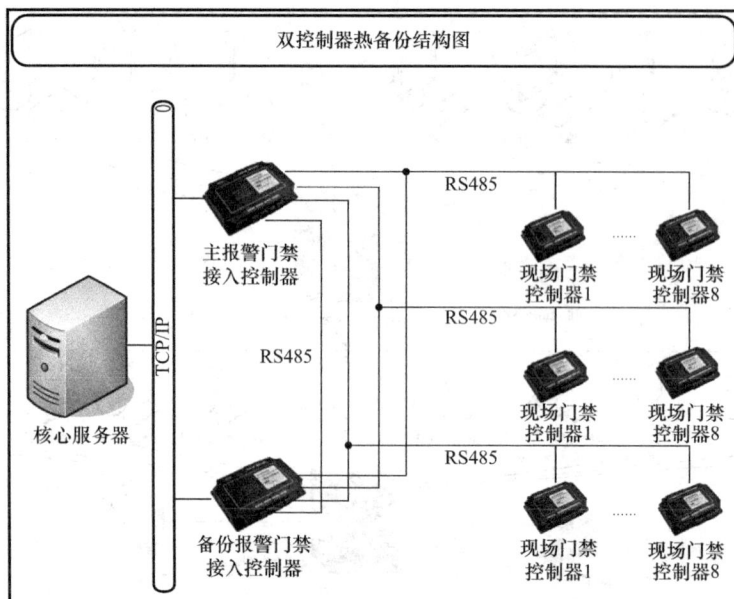

图 10-2　门禁子系统结构图

系统对各门禁点的门禁设备、门的状态及刷卡事件等进行实时监控，设备、人员刷卡信息都实时上传到核心服务器，同时可以在操作平台对人员的行动轨迹进行跟踪，查询人员的去向。

门禁系统发生的事件报警（如暴力开门、门开超时）可按需要进行设置，报警时在指挥中心平台的电子地图及时弹出报警信息。

门禁子系统与视频监控子系统联动，所有人员进出各门禁点时，系统联动门禁点的摄像头自动抓拍人员进出两段视频和图片存储，便于日后查询。

本子项设计可实现门禁管理、语音播报功能，除了门禁管理，每个门点将安装语音模块，实现楼栋门口具有语音播报功能，可以设定发生不同事件或者告警时播放不同的语音。即使在门禁控制器没有连接到平台时也能进行语音播报。如：正常刷卡时播放"合法开门，请进！"，门未关好时播放"门未关好，请关门！"，非法入侵时播放"非法进入，请立即离开，平台已报警！"。门点的所有语音素材可在平台上进行编辑及远程下载，自定义关联事件进行播报，可定义播报时间段。其具体安装示意图如图 10-3 所示。

2. 访客管理子系统

对于访客的管控和数据采集，建议采用访客终端设备，在大厦大堂，针对外来访客可以安装访客终端，实现对访客人员的管控及数据采集。访客终端安装在大堂工作区域（图 10-4）。

访客管理子系统在结合智能大厦项目应用中将涉及被访人员（住户人员）数据（被访人员信息：姓名、住址、联系电话等），访客管理子系统需与智能大厦管理平台共享大厦人员相关数据，人员信息同步。

访客终端一体机可快速识别来访人的二代身份证信息，如姓名、性别、身份证号码等，集成身份证阅读器功能，并能针对二代身份进行访客授权，访客管理子系统自动电话通知被访人员，在经得被访人员同意后，给予访客临时授权进出门禁点的权限；得到授权后，访客在相应门禁点刷二代身份证可将门点正常打开；访客记录将存储于后台服务器，可供后期查阅。以上完成对访客人员的管控和数据采集。

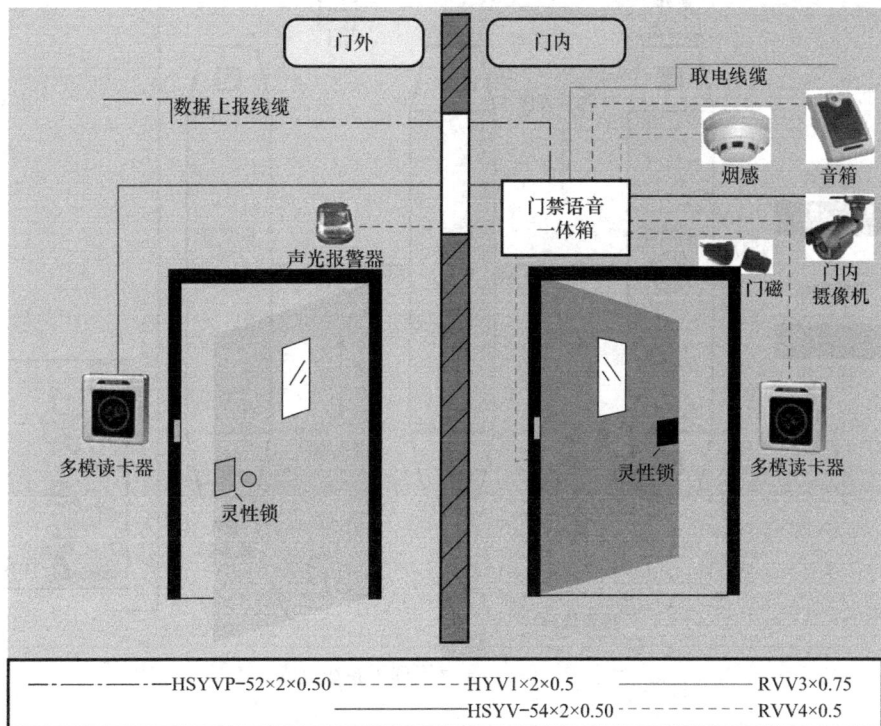

图 10-3　门禁系统安装示意图

(a)　　　　　　　　　　　(b)

图 10-4　访客终端机

（a）访客一体机；（b）桌面简易型访客机

3. 通道管理子系统（图 10-5）

通道管理子系统为 S80 云安防系统的子系统之一，系统对公共区域与办公区域之间的敞开通道、电梯厅入口进行安全管理，在大厦的相关区域安装通道闸机（翼闸或滚闸），通过各通道的人员必须拥有相应的权限，刷卡通过，人员刷卡信息实时上传到核心服务器。

在通道周围相应的位置安装摄像头，与通道闸机进行联动，当人员刷卡时，系统自动抓拍一段视频和图片存储，便于日后查询。

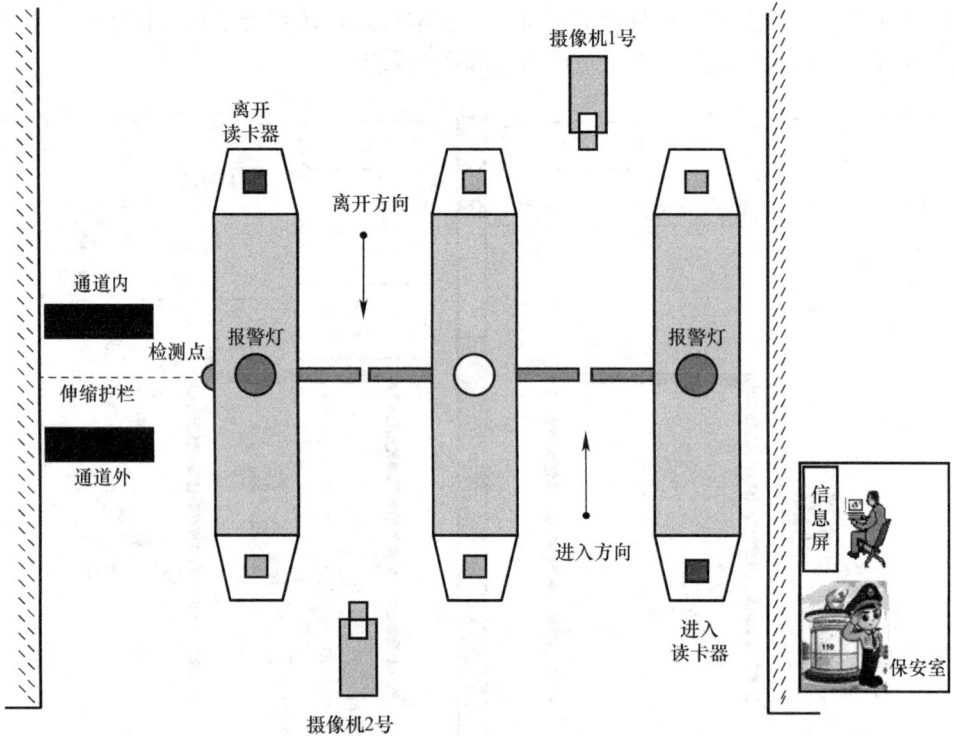

图 10-5　通道管理子系统

4. 巡更管理子系统

巡更管理子系统为 S80 云安防系统的子系统之一，可结合离线式和在线式巡更混合使用，也可以单独运用，在应用和管理上更加灵活，也有效解决因建筑不能布线带来的影响。在线巡更管理则利用现场的门禁点进行扩展，可设置相应门禁点的读卡器为巡更点读卡器，巡更人员按系统编辑的巡更路线、巡更时间在各个巡更点的读卡器上刷卡，系统实时获取巡更信息，在相应的巡更工作站能及时查询各巡更点的巡更信息，从而达到实时管理保安巡逻人员巡视情况的目的，确保巡更人员巡查到位。

5. 停车场管理子系统（图 10-6）

停车场管理子系统为 S80 云安防系统的子系统之一，在停车场的出入口建设一套停车场系统，包括车闸和票箱，对停车场进行车辆进出管理。车辆进出时实现远距离读卡、不停车读卡验证；在票箱的液晶显示屏上实时显示车位空余信息和车位引导，同时引入专用车位管理，可有效解决专用车位被非法占用和更精确统计车位空余数量；整个系统可引入语音提示配套使用同，同时结合无线刷卡机使车主刷卡更加人性化；对进出车辆进行监控管理，防止丢失，能够充分高效地管理。

6. 视频监控子系统设计

视频监控子系统为 S80 云安防系统的子系统之一，该系统监控的视频、音频、告警、控制信号可传至网络内的每一个节点，用户可以利用计算机网络在不同地点同时监视、控制远程某一或某些场所，同时具有动态感知、视频存储、告警管理等功能，当底端产生火灾报警时，系统支持图像强切功能，与报警同步弹出视频画面。其完成大厦内所有监控点的视频监控（图 10-7）。视频监控按两个等级划分：

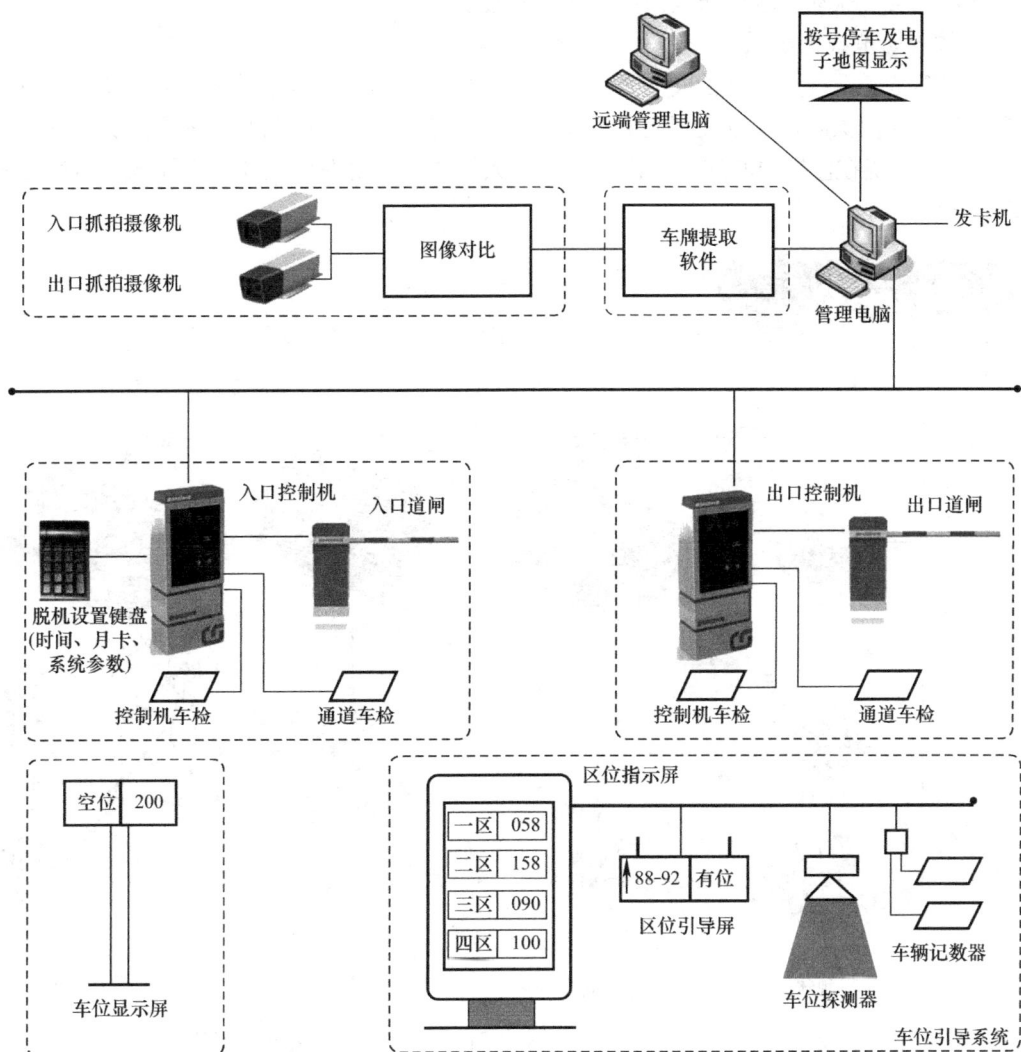

图 10-6　停车场管理子系统

一级监控中心：所有监控点的视频图像在指挥中心上墙，实现全网监控，与 S80 云安防系统的其他子系统资源共享，实现互为联动；

二级监控点：在大厦的所有门禁点及各相应的区域安装摄像头。

在大厦的所有门禁点及各相应的区域安装摄像机，做到视频覆盖，无盲区。结合实际需求安装枪机或者半球、球机，对环境光线比较暗的地方，建议安装红外摄像机。

消防基层单位的视频图像由本地进行存储，存储周期为 30 天。要求重点区域图像质量不低于 D1，普通区域不低于 CIF。

对于底端报警联动产生的图像，监控指挥中心应主动备份功能，将报警事件与视频图像互为绑定，实现事件图片抓拍及视频流截取功能。中心的图像备份不因底端 DVR 视频图像存储周期覆盖而丢失。

视频监控与门禁管理、报警管理等子系统的联动为基于 TCP/IP 上的联动，底端不采用硬件连线实现联动，减少布线及减轻维护难度。

7. 周界防范报警子系统

周界防范子系统是 S80 云安防系统的子系统之一，利用智能红外探测器分布于大厦的周围，进行入侵探测，一旦发现犯罪分子的入侵，相关报警信号与视频图像进行联动，由 S80 云安防系统在监控中心实时弹出报警点视频图像，联动进行现场灯光控制、声光报警（图 10-8）。

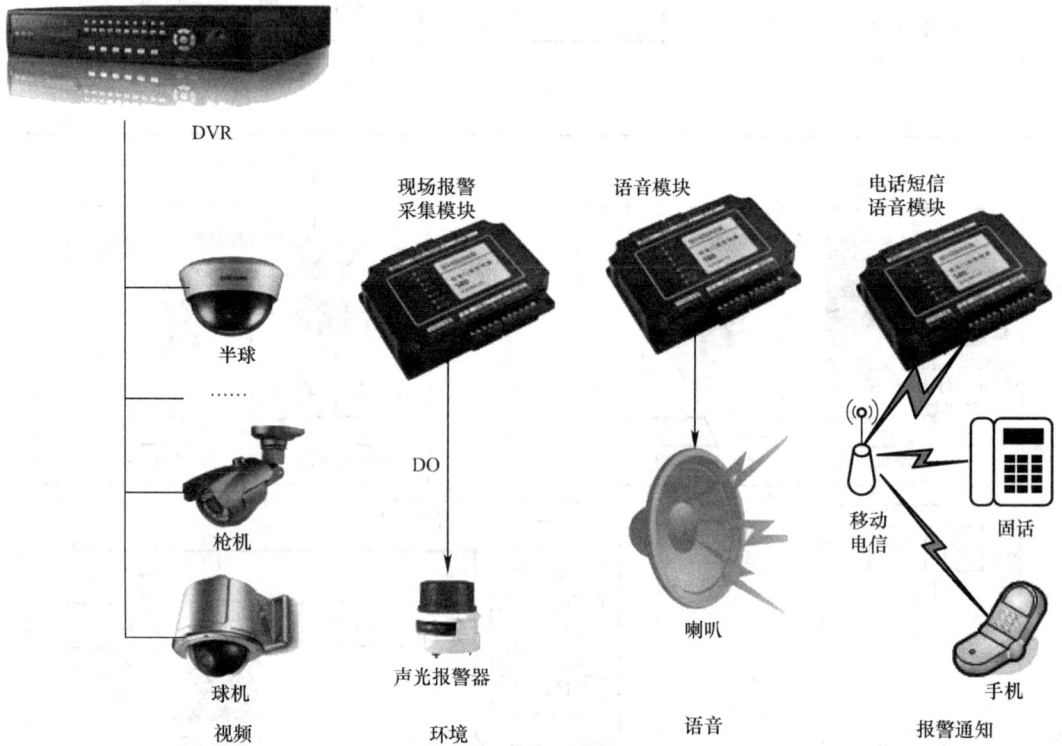

图 10-7　视频监控子系统示意图　　　　　图 10-8　周界防范报警子系统

及时提醒安保部门人工现场勘查及处置；采用专业报警主机，连接红外对射传感器、红外移动侦测传感器、烟感等，完成对大厦周界的防卫功能。

8. 视频门禁消防联动设计

在"安全"优先的原则指导下，出入口控制系统（也就是门禁系统）的设计必须满足紧急疏散及消防的需要，必须消防联动，保证在火灾等紧急情况发生时，用于闭锁或者起到阻挡作用的出入口控制执行部件能自动释放疏散出口，不使用钥匙，人员应能迅速安全地疏散。

基于以上要求，作出以下设计：

（1）增加现场消防信号采集/传送点

在大厦各消防区域增加烟雾探测器（俗称烟感），要求吸顶安装，烟感信号需接入门禁设备中，实现联动。

（2）手动报警联动

在大厦公共通道、消防通道内侧安装手动火灾报警按钮（俗称手报，一般为破玻按钮），安装的数量为 1 个，要求安装在明显便于操作的部位，且安装位置需在室内摄像机有效的监视范围内，其底边距地面高度宜为 1.3～1.5m，手报信号需接入门禁设备中，实现联动。

在消防区域消防紧急按钮，此按钮可管理大厦某一区域的消防信号传送，此按钮只有管理人员才有权限操作，平时锁在一个箱体内。当发生火警时，社区管理人员打开箱体，按下消防紧急按钮，相应区域的门自动打开；当火警消除时，紧急按钮复位，恢复初始状态。

（3）基于平台消防联动

平台是指智能大厦综合管理软件平台，一般此平台软件安装在管理中心，可通过平台软件实现批量消防联动开门，平台可实现统一管理，应对紧急事件的发生。以上此种消防联动解决方案造价最为便宜、但时效性一般，并依赖网络实现，可靠性打折。

以上 3 种消防联动方案可以单独实现或者组合实现，建设方亦可考虑在总体平台上应将消防信号转发给相关部门，以提高火警响应效率，提高消防监控的覆盖率。

（4）电子锁关于消防的选型

本系统除了在消防联动关注外，应对电子锁进行消防方面考虑及选型，因为火情发生时，可能会引起断电，常规断电后将会引起门禁系统不能正常工作。

门禁系统最终执行机构为电子锁，常用的电子锁有：磁力锁、电插锁、电控锁、灵性（静音）锁等。

对于新建设的项目建议采用带断电开锁功能的灵性锁，断电开锁指的是：在门禁系统供电中断后（包含：市电供电中断、后备电池供电中断），灵性锁具备自动将锁舌缩回功能，门处于常开状态，确保停电后（包含消防火情引起的停电）人员能快速通过大门。

市场上已有带断电开锁功能的静音锁，如图 10-9。

对于没有采用带断电开锁功能的灵性锁建议采用增加断电开锁模块，此模块平时处于储能状态，在门禁系统供电中断后（包含：市电供电中断、后备电池供电中断），自动检测断电并能提供最后一次将电子锁打开的能量，实现断电开锁功能。

图 10-9　静音锁

图 10-10 为断电开锁模块控制逻辑图。

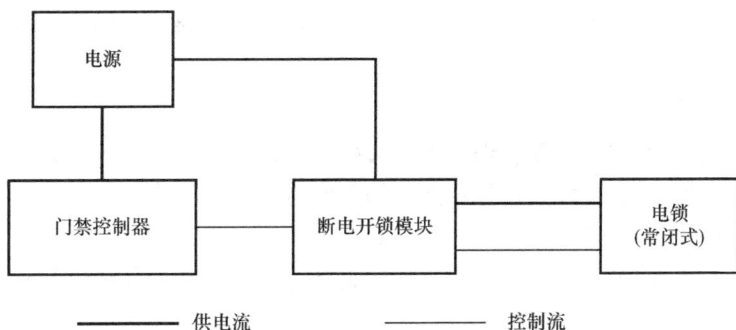

图 10-10　断电开锁模块控制逻辑图

9. 控制指挥中心

在大厦相应的区域建设一个控制指挥中心，内容包括：

建设一套以"S80 云安防系统"为核心的综合管理系统，对各功能子系统进行有效的应用。配套配置核心服务器及应用工作站，为各专业用户提供数据支撑。

配置一套 LCD 大屏幕墙，中心集中排障管理。另外还包括相关的控制设备、操作台等配套设施（图 10-11）。

图 10-11　控制指挥中心

（1）设备层

设备层包含接入设备和现场设备。

接入设备将现场设备采集的信息进行统一编码后上传到核心服务器，接入设备包括：门禁接入控制器、DVR、停车场主控制器、媒体终端等。

现场设备包括现场门禁控制器、停车场出/入口控制器、语音模块、短信电话模块、门锁、指纹机、读卡器、门磁、出门按钮、告警灯、摄像头、通道闸、POS 消费机、停车场电动道闸、停车场地感线圈、各种传感器、信息发布屏等。

（2）服务层

包含核心数据库、核心服务器、抓拍服务器、媒体服务器和短信电话服务器等。

各分部核心数据库用于存储各分部所有的人员，设备，应用管理等相关数据；各分部核心服务器是用于连接上层应用工作站；并综合处理各种实时事件的服务器；抓拍服务器用于抓拍、存储所有设定事件联动的视频和图片信息；媒体服务器用于媒体信息发布；短信电话服务器提供电话短信服务。

（3）应用层

包含完成整个智能大厦门禁管理、视频监控、通道管理、消费管理、巡更管理、停车场管理、周界防卫管理、媒体发布等功能应用的所有的应用工作站。

（4）与业务系统的接口

中联创新智能大厦 S80 云安防系统与业务系统的接入方法，通过防火墙接入（图 10-12）。

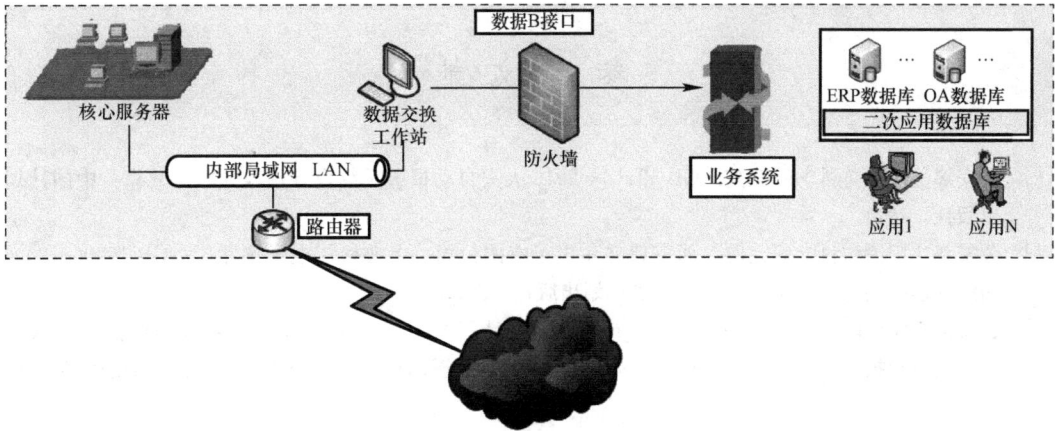

图 10-12　业务系统的接口

参 考 文 献

［1］ 公安部沈阳消防科学研究院. GB 50116—2013 火灾自动报警系统设计规范［S］. 北京：中国计划出版社，2014.

［2］ 公安部沈阳消防科学研究院，西安盛赛尔电子有限公司，上海松江电子仪器厂. GB 16806—2006 消防联动控制系统［S］. 北京：中国计划出版社，2007.

［3］ 公安部天津消防研究所. GB 50016—2014 建筑设计防火规范［S］. 北京：中国计划出版社，2006.

［4］ 《火灾自动报警系统设计》编委会. 火灾自动报警系统设计［M］. 四川成都：西安交通大学出版社，2014.

［5］ 白永生. 建筑电气弱电系统设计指导与实例［M］. 北京：中国建筑工业出版社，2015.

［6］ 全国安全防范报警系统标准化技术委员会. GB 50394—2007 入侵报警系统工程设计规范［S］. 北京：中国计划出版社，2007.

［7］ 全国安全防范报警系统标准化技术委员会. GB 50395—2007 视频安防监控系统工程设计规范［S］. 北京：中国计划出版社，2007.

［8］ 全国安全防范报警系统标准化技术委员会. GB 50348—2007 安全防范工程技术规范［S］. 北京：中国计划出版社，2007.

［9］ 全国安全防范报警系统标准化技术委员会. GB 50396—2007 出入口控制系统工程设计规范［S］. 北京：中国计划出版社，2007.

［10］ 中华人民共和国住房和城乡建设部. GB 51348—2019 民用建筑电气设计标准［S］. 中国建筑工业出版社，2019.

［11］ 应急管理部沈阳消防研究所. GB 51309—2018 消防应急照明和疏散指示系统技术标准［S］. 北京：中国计划出版社，2019.

［12］ 黄民德，胡林芳. 建筑消防与安防技术［M］. 天津：天津大学出版社，2013.